小户型空间放大术

东贩编辑部　编著

江苏凤凰科学技术出版社

目录

第二部分

小家幸福味，小户型的理想生活

第一部分

小家新观念，
这样想再小也好住

你该知道的小家新观念！

图片提供●甘纳空间设计

柜子不用打满，也够用

为了解决家居收纳问题，在小户型中，多数人会选择向上发展，柜子越做越高，以此获得更多收纳空间；但在原本狭小的空间里，把收纳柜全部做满（甚至与天花板平齐），只会让人产生压迫感。如果是整面的墙柜设计，更会让人强烈地感觉到空间的局促与狭窄。

适当的高度才更好收纳

一般来说，橱柜方便放的高度应略高于人的平均身高，做满甚至做到顶，反而会因收纳不便而降低使用效果，对于寸土寸金的小户型空间，应避免规划太多不实用且带来沉重感的顶天高柜。适当的留白可以舒缓高柜带来的压迫感，也可以节省材料并控制预算。

以全新的收纳思维营造舒适的生活

如果存在收纳不足的问题，可以选择向下发展，利用榻榻米、架高的和室，采用上掀或拉抽式设计规划收纳空间，或者将收纳打散，规划在各个空间里，这样无须设计大量柜体，便能达到良好的收纳效果。在规划整面柜墙时，建议将柜体嵌入墙面，以创造视觉焦点，淡化柜体的存在感，为小户型注入更多魅力。

图片提供◎○○设计

打破"房间数越多越好"的思维，享受小宅大空间

无论买房还是装修，房间数量一直是多数人关注的重点。装修时，人们都希望能隔出更多房间，但在单纯考虑房间数量的同时，却经常忽略与实际的空间面积相对应，尤其是小户型空间。如果强行隔成三室以上的格局，势必会占用公共区域，或使卧室变得非常小，房间虽然增加了，但整个空间却不再舒适。

不合理的房间格局会让小空间变得零碎、缺乏完整性，形成难以使用的畸形区域或过道，过多的实体墙隔断甚至还会带来压迫感，影响整个空间的采光。

合理规划房间数量

小户型空间在进行格局规划时，应将房间数量与面积相对应，卧室的最小面积应达到8.25平方米，以便摆放下床、衣柜等基本家具，并留出行走空间。以此类推，便可以简单计算出房间所对应的面积，做出合理的规划。

如果担心隔断墙影响空间感，或者必须隔出一定空间，建议使用玻璃或推拉门代替实墙。玻璃具有穿透性，有延伸视觉、放大空间的效果；推拉门类似于活动墙面，可收可放，让空间更灵活。

突破传统，空间不止一种用法

房间虽小，功能却不能少，在空间格局规划上，需要创意来弥补空间的缺陷。由于需要具备多种功能，常见的格局无法满足小户型，因此在进行格局规划时应摆脱传统思维，将屋主平时的生活方式与习惯作为设计方向。

功能整合，让空间有更多可能

大户型可以根据不同功能规划独立的空间，但小户型需要在功能和面积之间寻求平衡。建议公共区域采用开放式设计，改变一个空间只有一种功能的方式，让空间有更多、更有趣的用法。例如，整合厨房与餐厅，将餐桌与厨房中岛相结合；或者将非隐秘性书房融入客厅，简单以半墙或书桌做分隔，让书墙兼具书房与客厅收纳的功能；又或者在客房和儿童房之间设置推拉门或折叠门，根据空间需求随时做出相应的改变。

虽然面积无法增大，但通过格局上的巧妙构思，可以让空间有多种用法与可能性，在拥有各种功能又享受宽敞空间感的同时，屋主生活在其中也能更加自在、舒适。

图片提供●十一日晴空间设计

观念
4

空间小，动线规划更重要

人们普遍认为在小户型中，距离短就不存在动线问题，其实动线规划对小户型更加重要，合理的动线规划可以有效利用每一寸空间，也有助于提升屋主使用时的便利度。错误的动线规划则容易造成空间浪费，且因为动线曲折，导致居住者行走不顺畅，让空间变得难以使用。

融入格局规划，生活动线更自由

小户型在做动线规划时，不仅要考虑居住者的生活方式与行为习惯，也应融入格局规划。空间大致可划分成公共空间与私密空间，两个空间的动线建议做出明确的区隔，避免公私区域动线重叠，导致空间难以使用。例如，卧室房门开口位置不佳会导致难以安排客厅沙发或电视墙，且须预留走道动线，造成空间浪费。

公共区域的动线规划可以采用开放式的串联方式，将餐厅、厨房、客厅、书房等功能空间进行整合，避免空间因过多切割而变得零碎，也可以减少多余的过道，增加可使用的空间。空间的动线会呈现家的样貌，做对动线设计，不仅让空间更加实用，也有助于家人亲密互动、增进感情。

图片提供●实适空间设计

有了自然光，不管空间大小，住起来都舒适

小户型最普遍的缺点是单面采光。由于采光面单一，容易造成部分空间采光不足，产生阴暗角落，或者采光面因格局规划而被切割，即便有采光，但因采光面过小而无法大量引入自然光。

减少阻碍，引入自然光

一般来说，小户型的采光面主要集中在公共区域，为了保证最佳的采光效果，应尽量减少高柜设计，避免以实体墙做隔断，替代为穿透性材质或可以灵活开合的弹性隔断。邻近空间如果是厨房或客房，建议采用开放式格局，以此扩大采光面，让光线不受阻碍地洒落在每个角落。

利用反射效果，延长室内光线

如果采光仍然不足，或者为长条户型（光线无法到达），也可以使用具有反射特性的材料来帮助光线抵达采光不足的空间。镜面材质和浅色乳胶漆均有助于光线反射，减少狭窄、阴暗的空间印象。充足的光线除了可以解决房间的阴暗问题，还能让视线从窗户向外延伸，在视觉上放大空间，而且充足的自然光也有助于提高空间温度，营造令人放松、愉悦的家居氛围。

图片提供 ● 实适空间设计

观念
6

争取垂直高度，谁说一定要做天花板

进行家居装修时，为了视觉上的美观，很多屋主都不想露出天花板上的梁柱，而会通过装饰天花板来做遮掩，因此牺牲了层高。在小户型宽度不足的情况下，如果垂直高度过低，不仅会让人感到空间狭小，甚至还会产生压迫感。

利用垂直高度拉伸空间感

为了拉伸空间感，消除狭小的空间感受，小户型应根据原始层高状况决定是否设计天花板，因为修饰天花板的目的是为了起到美化功能。如果是普通层高，不建议单纯为了视觉美观而牺牲垂直高度。

如果担心灯具安装的问题，可以选择吊灯或轨道灯，既不影响视觉美感，又可以通过外形美观的灯具活跃空间氛围。轨道灯可以根据需求随时调整光源，非常方便；也可以借鉴近几年流行的工业风，特意露出收齐的管线，作为空间的视觉焦点。至于梁柱问题，可以通过不同颜色的墙面漆转移视觉焦点，或将梁柱作为划分空间的界线，有效弱化梁柱的存在感。

设计要点 1
格局规划

格局规划不仅关系到居住者的舒适度，
对空间利用也有一定影响。
因此面积越小，越要做对格局规划，
让每一寸空间都发挥极致，减少不必要的闲置、浪费，
弱化小空间的局促感，
营造超越原始户型面积的开阔感与舒适感。

图片提供 ● 构设计

通透隔断

通透的材质有助于延伸视线，放大空间感

设计 关键	
关键点 1	选用玻璃作为隔断材料，厚度要在 10 毫米左右，并经过强化胶处理，以符合基本的安全与强度要求。
关键点 2	落地玻璃隔断应在天花板、地板之间预留沟槽，之后再将玻璃嵌入沟槽内，以确保安全性与稳固性。
关键点 3	常见的玻璃推拉门隔断有铝框、铁件烤漆、木框，其中铁件烤漆的费用较高，铝框比较便宜，且能营造出轻巧、利落的视觉效果。

在面积有限的情况下，如果将空间划分得过于零碎，会让人产生狭小、压迫的感觉，因此小户型想要营造宽敞的空间感受，最直接的方法便是使用通透性隔断。因其材质具有透光性特征，能延伸视觉效果，放大空间感，多用在公共区域，如客厅、书房或厨房。此外，主卧卫生间也可以局部使用玻璃隔断，以界定睡眠区和淋浴区。

除此之外，这类穿透性较高的材质，如透明玻璃、玻璃砖、压花玻璃等，无形中也能减轻立面重量，巧妙化解空间的压迫感与局促感。在私密空间中，也可以采用透光、不透视的材质，如夹纱玻璃、雾面玻璃、长虹玻璃等，或加装百叶窗帘、卷帘，在保证光线充足的同时，也能兼顾私密性。

材质

| 透明玻璃 |

透明玻璃的透光性最好，且价格便宜，是家居空间中经常使用的隔断材料，可单独作为隔断墙，也可以结合铁件、铝框，打造弹性推拉门。

透明玻璃的厚度有 3 毫米、5 毫米、8 毫米、10 毫米。作为室内隔断，厚度应在 10 毫米左右，厚度越厚，价格就越高。此外，由于玻璃的原料中含有铁，因此透明玻璃并非完全透明，往往带一些微绿色的光。

图片提供●十一日晴空间设计

| 玻璃砖 |

玻璃砖由两块约 1 厘米厚的玻璃制作而成,中间约有 6 厘米的中空,具高透光、隔热、防火、隔声、节能、环保等特点,色彩各异、造型多元。最常见的是透明、无色的,也有立体格纹、水波纹、气泡等花纹。玻璃砖的适用范围十分广泛,除了作为室内隔断,窗户、过道、建筑外墙都可以使用。如果用作室内隔断,19 厘米 ×19 厘米 ×8 厘米的尺寸最为普遍。

图片提供● 十一日晴空间设计

| 压花玻璃 |

压花玻璃因图案和厚度差异可以产生不同的光影变化,并且具有透光、不透视的特点。最常见的压花玻璃包括极具线条感的长虹玻璃、犹如水波散开的银波玻璃,以及点状排列的珠光玻璃。近些年,在复古风潮的影响下,越来越多的年轻人使用压花玻璃作为隔断,穿透后的光线也比透明玻璃柔和许多。

图片提供●甘纳设计

施工

| 无框玻璃隔断 |

流程 确定玻璃尺寸 ▶ 切割玻璃 ▶ 强化及其他加工 ▶ 开沟槽 ▶ 将玻璃嵌入沟槽 ▶ 水平校正,确认平整度 ▶ 在沟槽、玻璃缝之间施打硅胶 ▶ 安装把手

在安装玻璃隔断之前,应定制玻璃尺寸,预先在工厂进行强化、钻孔、倒角等加工工作。接着送至施工现场,确认安装的位置,并再次确认尺寸无误后,在天花板上开沟槽,嵌入玻璃,用硅胶固定收边。

| 玻璃砖墙 |

流程 **根据安装面积和选用的尺寸，确定玻璃砖的数量 ▶ 根据玻璃砖的宽度，设计基础底角 ▶ 采用十字缝立砖砌法**

玻璃砖施工属于抹灰工程，如果施工面积较大，则必须以钢梁固定。小面积隔断则可直接砌砖，由下而上依次堆砌，最后再填缝。

玻璃隔断的价格根据玻璃材质的种类而定，玻璃砖一般以块计价。强化、倒角、钻孔等加工工作均要另外收费，铁件烤漆、铝框、木框等框架也是单独计价。

图片提供●古兰室内设计

既划分空间又保留穿透感

在玄关便将公共区域一览无遗，一进门就能看见餐厅的全景，难免让人感到缺乏隐私。因此设计师使用玻璃隔断进行内外分界，格窗交替拼贴透明玻璃与长虹玻璃，满足空间光线穿透、视线不穿透的需求。在单一的材质中做出变化，丰富空间的趣味性。

图片提供●实造空间设计

材质混搭，丰富视觉与穿透感

紧邻餐厅的书房，隔断使用玻璃推拉门，并且组合使用透明玻璃和裂纹玻璃，确保视线、光线的穿透与延伸。裂纹玻璃具有透光面不透视的特性，让书房未来也能变成儿童房。

图片提供●构设计

采用虚实手法，化解小空间难题

在只有 33 平方米的迷你空间中，如果以实体墙做隔断，空间会显得过于狭小、局促，因此设计师以透明玻璃滑门取代实墙隔断，化解整面实墙的沉重感，又借由视觉穿透来延展空间尺度，让小空间也有开阔感。

利用材质特性，引光入室

在空间毫无自然光的情况下，使用通透性隔断是最好的解决方式。客厅旁的主卧利用长虹玻璃构筑隔断，既借取客厅的光线又能确保私密性；铁件框架的线条分割设计无形中也成为空间的装饰。

图片提供●谧空间研究室

图片提供●十一日晴空间设计

半墙隔断

界定空间，维持开阔的视觉效果

设计关键

关键点 1　如果半墙隔断不仅仅是隔断，还具有电视墙等用途，那么，电线必须安装在木作隔断里，以免破坏设计美感。

关键点 2　半高墙并非只能做隔断墙，采用挖空方式也能增加收纳、展示空间，瞬间丰富小房子的生活功能。

关键点 3　半墙隔断若需要结合玻璃格窗，在安装时必须一并预埋，安装的过程中也要特别注意是否发生偏移情况，避免无法密合的情况。

随着高房价时代的来临，年轻人在城市中能买到的面积越来越有限，但又希望空间能大一点。传统观念认为隔出的房间越多越好，但过多的隔断只会带来压迫感，光线也会被实体墙阻挡。小户型规划只要掌握隔断设计的方法，就能让视野更加开阔。

除了全开放或通透隔断，半墙隔断也是不错的选择，既不影响采光和视觉效果，也可以起到隔断的作用。

半墙隔断的做法非常多，例如：以木作半墙面做区隔，半墙上端根据需求可以搭配玻璃材质，强化空间的独立性；有些半墙后方也会整合书桌，围合出书房空间。此外，还可以直接利用木作柜体，设计半高柜、高柜，整合空间所需的功能，一面设计为电视墙，另一面作为餐边柜。这类未及顶的柜体既可起到界定空间的作用，又能确保视线的穿透和延伸。

｜木作贴皮、烤漆｜

半墙隔断最常见的做法是利用约90厘米高的墙面来划分两个空间。木作墙面的表面处理方式也有多种选择：贴饰木皮可以营造温润的氛围；白色烤漆能够带来简约、利落的效果；增加石膏线能打造大气的美式风格；甚至可以在台面上内嵌灯光，活跃空间气氛。

图片提供●构设计

| 木作柜体 |

半高柜体多以 60 ~ 100 厘米的腰柜形式区隔空间，如果希望阻隔性能更强，也可以提高至 200 厘米。柜体立面通常使用的工艺包括刷饰涂料、贴木皮，或者仿清水混凝土工法等，也可以混搭不同材质，创造丰富的"空间表情"。

| 半高墙 |

`流程` 测量墙面的长、宽 ▶ 运用激光水平仪做记号 ▶ 下脚料，搭建框架 ▶ 封板 ▶ 覆盖表面材料

木作半高墙面应首先测量所需尺寸，再用激光水平仪抓直线，作为脚料固定的依据，接着选用 6 厘米宽的角材安装框架结构，框架钉好之后再封板，最后进行贴皮或喷漆等后续工作。特别要注意的是，如果半高墙内要安装插座，应在框架和夹板之间提前预留开口。

| 木作柜体 |

`流程` 根据宽度和长度的要求，裁切板材 ▶ 标记板材，以利于固定 ▶ 组装木柜 ▶ 层板、抽屉 ▶ 合门板 ▶ 固定柜体

按照柜体的尺寸裁切板材，用钉枪将板材组装起来，框架完成之后，再进行层板、抽屉、后背板、门板的组装与固定，最后确认墙面、地面与柜体的水平紧密度，并以蚊子针固定。

无论木作隔断还是木作柜体打造的半墙隔断，都应根据规格大小来计价；覆盖于表面的材料，如涂料、烤漆、木贴皮、石材等另外计费。

图片提供●谧空间研究室

整合功能，营造开阔的空间

在这个小户型空间中，如果直接将电视墙竖立在客厅中，会让人
感觉空间非常拥挤，设计师用旋转电视墙作为半隔断，除了达到
界定空间的效果，也方便屋主在客厅看电视。设备线路沿着地面
连在一起，隐藏在另一侧柜体中，表面看起来干净、利落。

图片提供●构设计

柜墙结合满足多种需求

整面实墙隔断势必会使空间充满压迫感，采用半墙和透明玻璃做隔断，视线通过玻璃得以延展，有效破解空间的局促感。半面实墙不仅具有隔断功能，还将面向客厅的一面设计为电视墙，方便屋主在客厅看电视。

图片提供●谧空间研究室

改变思维，化解小户型困境

一进门就能一眼望穿公共区域，屋主又担心大量柜体、隔断造成压迫感。因此设计师采用210厘米高的双面柜体进行划分，既是隔断，也能让光线肆意游走，同时兼具收纳功能，相较于分立柜体，极大地提高了小户型的空间利用率。

结合墙面与柜体，尽显空间轻盈之美

虽然大面积使用白色会降低家具的体量压迫感，但过多的墙面、柜体不仅让空间看起来单调，也容易产生封闭感。因此在卧室的卫生间，设计师采用半墙结合玻璃的手法，淡化封闭的空间感，光线也可以顺畅地进入卫生间。

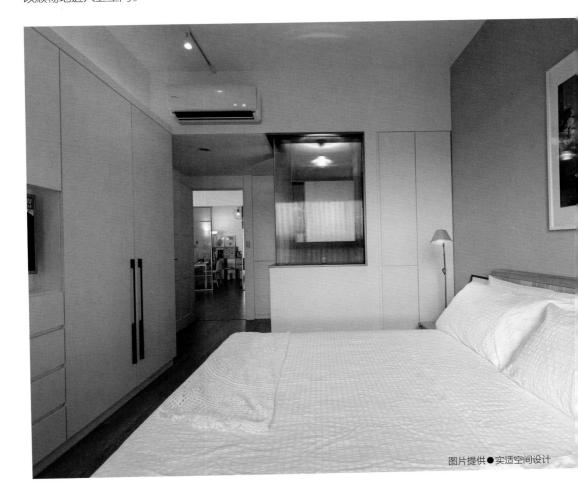

图片提供●实适空间设计

图片提供●十一日晴空间设计

地板分界

隐形隔断让小房变大房

设计关键

关键点 1　不同材质的地板相互拼贴时，应特别注意不同材质完成面的高度是否一致。

关键点 2　不同材质的施工有先后顺序问题，如果是木地板混搭大理石、砖材和水泥粉光地板，木地板施工应当为最后进行的工作。

关键点 3　小空间不要使用两种以上地板进行拼贴，避免造成视觉混乱，压缩空间感。

开放式格局是增大小户型空间面积最直接、最有效的设计法则，但全开放之下又该如何界定不同的区域？不同材质混搭的地面是不错的隐形界定手法，通过不同材质的拼接设计，如利用砖材、盘多魔地板拼出如地毯般的效果，丰富空间的视觉元素。除了材质的差异，利用地板间的高低落差，也能达到界定空间的作用。

地板拼贴通常出现在玄关与客厅交界处，让空间产生由小变大的延伸感，也可以利用低于客厅2厘米左右的高差，区隔玄关落尘区。厨房因为有油烟、用水等问题，最好选用方便清洁的砖材，与客厅、餐厅形成明显区分。

低落差最常运用在儿童房、书房等区域，架高10厘米左右，即可达到明确划分空间的效果。如果将高度提高15～20厘米，还能规划出收纳空间，为小户型增加更多储物面积。

| 材质 |

砖材

砖材根据原料成分、釉料以及窑烧方式与技术的不同，有多种款式可供选择。除了最普遍的抛光石英砖、釉面砖，近年来，花砖、木纹砖、仿清水模瓷砖也深受人们的喜爱。尤其是木纹砖，木纹、刻痕与原木几乎难辨真伪，在防水、耐磨、清洁保养方面也胜过木地板。花砖因其丰富的花纹，局部拼贴即可达到独特的装饰效果。

图片提供●思谬空间设计

| 石材 |

石材是经过长久风化而形成的天然矿物，家居空间中最常使用的石材是大理石和花岗石。大理石具有天然纹理，色泽、底色较为柔和，能够营造尊贵、大气的氛围。花岗石在色泽方面不如大理石美观，且价格昂贵，但硬度高、耐候性强，适用于户外空间。石材具有天然的毛细孔，如能做防护处理，并定期抛光、打磨，即可维持光亮感。

| 木地板 |

木地板包括实木地板、实木复合地板和超耐磨木地板。实木地板存在热胀冷缩、不易清洁等问题；实木复合地板不易变形，且具有实木的温润质感，但价格略高。超耐磨木地板是目前家居装修中最普遍的选择，具有环保、耐刮、耐磨的优点，花色种类多，表面经过处理可呈现刷白、深刻的木节纹理等，可依据不同的风格来挑选适合的样式。

施工

| 木地板 + 砖材 |

流程　铺设砖材 ▶ 拼贴木地板 ▶ 收边

木地板和砖材混用，最常见于地面的分界。瓷砖属抹灰工程，多采用半干湿式做法，附着性较高，不易出现空心、翘曲情况。待砖材工程完成后，再根据高度进行木地板施工，以确保地面平整且高度一致。

计价方式

不同材质的地板在进行拼接时，皆以建材费用加上施工费用核算。如果选用石材，则会增加防护、切割等加工费用；架高木地板的费用比平铺费用要高。

图片提供●一一日晴空间设计

混搭不同的材质，营造和谐的空间

客厅铺设宽木地板，可减少接缝，展现空间气度。玄关区域则选用仿清水模石英砖做区隔，一方面与餐厅的水泥吊灯相呼应，另一方面亦有材质分界、缓冲的效果。

不仅划分空间，还能起到拉宽空间的作用

在不到 33 平方米的小空间中，玄关、餐厅、厨房铺设瓷砖，与客厅的超耐磨木地板形成分界，除了界定空间，亦能兼顾后续清洁、保养问题，同时借由水平象限的延展，拓展了空间尺度。

图片提供●谧空间设计

图片提供●十一日晴空间设计

推拉门、折叠门

节省空间，可开放、可独立的弹性隔断

设计关键

关键点 1 　联动式推拉门的固定包括悬吊式、落地式，悬吊式轨道可藏于天花板内，落地式推拉门则在天花板、地面都有轨道，安装之前也要确保地面的保持平整。

关键点 2 　联动式推拉门隔断建议宽度不要低于 180 厘米，否则会失去联动意义，同时应预留收纳门板空间，避免影响整体的美观度与使用的便捷性。

关键点 3 　折叠门一扇宽度为 30 ～ 100 厘米，单门板宽度 60 ～ 80 厘米为最佳。门板的宽度越窄、折数越多，所需的收纳空间就越多；门板太长，推拉时则比较耗费力气。

小户型空间设置太多的隔断，就会显得更狭窄，如果不希望空间过于开放，且保留适当的区隔，折叠门和推拉门是最佳的隔断选择。传统门板需要侧身、预留门板旋转半径，推拉门为左右横向移动开启，可以根据需求调整为独立或开放的格局，并使用不同的材质，达到兼具隐秘性、保持视线穿透感、放大空间等效果。

推拉门使用时往侧边一收，无法完全开放；由多扇门板组成的折叠门，收折后，门板可推移至侧边，不占据空间，非常适合运用在阳台。少了玻璃的隔阂，打破室内外界线，空气对流也更好，有需要时又能各自独立。

推拉门、折叠门的材质和形式变化比较多元，常见的有铝框玻璃、铁框玻璃、木框玻璃和全木质。铝框轻盈，铁件则常用于现代风、工业风或极具个性的氛围中。如果讲求隐私感或想遮掩凌乱的空间，则可以改为磨砂玻璃、长虹玻璃。客厅、书房之间如果以推拉门作为隔断，还可以将门板与电视机相结合，增加使用功能。如果儿童房和主卧内想使用推拉门，则建议选用木质推拉门，开启后让视线延伸、放大，睡觉时又能保证隐私。

材质

| 铝框玻璃推拉门 |

铝框玻璃推拉门的铝框宽度为 2 ~ 5 厘米，视觉上比木质、铁件推拉门更为轻盈、利落，但样式变化较铁件少，优点是安装时无须下轨道。建议使用 5 毫米厚的钢化玻璃，有时也会利用铝框做线条分割，增加造型变化。玻璃可选透明玻璃、磨砂玻璃、夹纱玻璃等，根据透光和私密性的要求去做相应的搭配。

| 木质玻璃、格栅推拉门 |

相较于铝框的线条利落感，以木质打造的推拉门框架较为厚实，造型多变，可运用烤漆并搭配玻璃，打造美式乡村风格；或者简化线条，以玻璃搭配木质框架，营造温馨、柔和的家居氛围。另外，还可以采用格栅设计，让光线穿透、流通，亦能展现若隐若现的视觉美感。

| 推拉门、折叠门 |

流程　检查地面水平 ▶ 轨道、吊轮进场 ▶ 强化天花板结构 ▶ 门板与轨道结合

进行推拉门、折叠门位置的地面找平，测量时要注意未来地板的完成面，例如，将来铺设超耐磨地板，门框要预缩高低。接着轨道和吊轮进场，同时让木工师傅将其与天花板造型相结合，并强化结构，门板完成后再与轨道相结合。

铝框＋玻璃＋五金轨道，视门框造型和玻璃厚度而定；铁件＋五金轨道，视铁件造型而定。每个铁工师傅做法不一，计价方式也不同，玻璃则按厚度另外计费。

图片提供●天光室内装修设计

结合双重功能，灵活改变空间大小

紧邻客厅的多功能房，屋主希望既保证空间感，又有足够的隐蔽性，因此设计师使用无毒、环保的木板作为滑门和折叠门。考虑沙发背景墙的动线流畅，特别选用滑门，邻近走道一侧则使用折叠门。门板收折起来时，可保持通透、开敞的空间感。

根据需求，随时调整门板设计

玻璃隔断厚度超过 8 毫米，具有较佳的隔声效果。两侧折叠门封闭后，空间呈密闭式，8 ~ 13 毫米厚的玻璃隔声效果可以达到 30 ~ 40 分贝。平时折叠门可以完全收于两侧，光线、空气自由流通。

图片提供●禾光室内装修设计

图片提供●禾光室内装修设计

图片提供●实适空间设计

生活动线

以生活习惯和舒适尺度重新构建流畅动线

设计关键		
	关键点 1	经过卧室的动线，最容易形成闲置的过道，可适时整合到其他空间，丰富功能，避免沦为单一且短暂的动线。
	关键点 2	开放式餐厨设计必须考虑拿取冰箱物品、处理食材、食材备用和烹饪等相关动线。储存干货、零食的柜子可邻近客厅，这样拿取更为方便。
	关键点 3	流畅的动线要建立在舒适的尺度上，如玄关宽度至少要预留 60 厘米，厨房走道宽度应有 90 厘米以上，否则小空间会显得非常局促。

生活动线不仅影响居住者的活动行为，也关系到空间利用率。以常见的小户型为例，厨房设置在边缘地带，空间小到连冰箱也放不下，做饭效率大打折扣；又或者有些小户型以走廊为中心，将房间规划在两侧，会浪费过多的面积。因此，小户型在规划格局时应注意比例分配，特别要结合居住者的生活习惯进行设计。

举例来说，有人习惯回家之后先换上居家服、梳洗一番，那么，设计师应思考如何缩短玄关入口至卧室的动线。如果屋主经常下厨，设计师在规划餐厨动线时，就需要考虑炉具、水槽、冰箱的三角动线关系。理想情况下，每个点之间的距离为 90 厘米，又或者简化、缩短玄关至厨房的动线，以提高生活的便利性。小户型中通常存在走道闲置的问题，适时结合其他功能规划，将走道与衣帽间和展示空间整合在一起，为小空间增加令人惊喜的实用功能。

设计
原则

1. 强调开放的格局动线，整合功能。 小户型常见的是采用开放式餐厨与客厅的互动设计，厨房走道的宽度建议为 90～130 厘米，方便两人共享、错肩而过。中岛台面可整合餐桌、书桌功能，减少繁复的行进动线，提高空间利用率。

2. 简化动线，结合收纳功能。 如果主卧尺度足以配置衣帽间，建议衣帽间和卫生间采用"一"字形动线，动线两侧可悬挂衣物、收纳包包，同时兼具走道功能。宽度预留 200 厘米左右，即可规划成小型衣帽间。

3. 改变房门形式，减少空间浪费。 小户型应尽量避免空间浪费，建议将房门改为活动推拉门，既让空间更具弹性，又可以减少房门开启时所需回转的动线需求，为小户型争取更多生活空间。

图片提供●日作空间设计

案例 01 问题 ·

1. 进门右侧是卫生间，进出动线邻近玄关，无形中导致卫生间门口的空间闲置，浪费的走道空间几乎可以规划出一间小储藏室。

2. 原始格局中仅有一套迷你厨具，对于喜爱做饭的屋主来说难以利用，与客厅和餐厅的动线也因此显得拥挤。

改造前 ▼

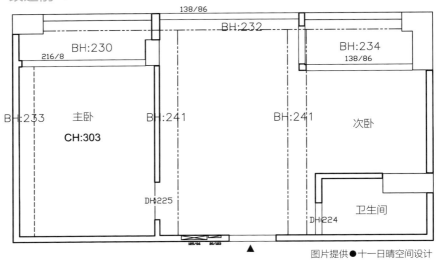

图片提供●十一日晴空间设计

解决方案

设计师以屋主的生活习惯为主轴，舍弃其中一间房，打造成开放式餐厨空间。L形厨房完美兼顾了非常高效的三角动线，屋主得以享受宽敞、舒适的客厅和餐厅，而玄关和卫生间所产生的闲置入口，也通过转向修正而形成合理、流畅的动线。

破解方法 01

舍弃原始格局中的次卧，改为客厅，并利用进门后的长条形空间，规划开放式餐厨空间。在L形厨房中，灶台、水槽、冰箱形成完美的三角动线。

改造后 ▼

138/86

REF

216/8

厨房

阳台
138/86

40"TV

卧室

客厅

餐厅

更衣区

鞋柜

125/66   20/123

卫生间

图片提供●十一日晴空间设计

破解方法 02

将卫生间出入口挪移至另一侧墙面，稍稍拉长墙面尺度，除了可以增加卫生间的开敞度，从客厅、卧室至卫生间的动线也变得更加流畅。

案例 02 问题 ·

1. 长条形老公寓所产生的狭长走道让通往各个空间的动线变得十分迂回，冗长的过道也很浪费空间。

2. 厨房原本规划在房子最末端，与客厅、餐厅之间的动线过长，使用起来非常不便，且没有多余的空间放置冰箱。

改造前 ▼

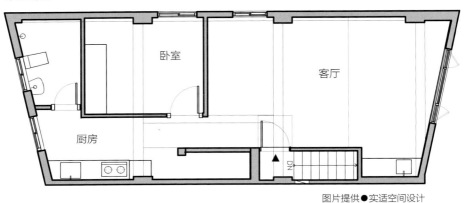

图片提供●实适空间设计

解决方案

常见的长条形户型最大的问题是通风、采光不佳，走道冗长，毫无功能可言，厨房被规划在边陲角落。设计师以环绕式生活动线为概念，将厨房移至前方，整合在开放式客厅中，屋主做饭时不再孤单。卧室开设两个入口，一个连接客厅，一个接续卫生间，走道增加衣帽间和洗手台功能，缩短了生活动线，使空间既方便又实用。

破解方法 01

卧室入口面对客厅，将狭长的走道改造为
衣帽间，并以柔软的布帘取代传统门板，
动线串联卫生间，增加了走道的实用功能。

改造后 ▼

卧室

餐厅

客厅

厨房

SHOW CASE

衣帽间

卫生间

REF

图片提供 ● 实适空间设计

破解方法 02

将厨房从空间后端移至客厅，客厅、餐厅
和厨房融为一体。利落的"一"字形厨房
具有强大的收纳功能，左侧整合小书房功
能，大大提高了小户型的空间利用率。

设计要点 2

材质应用

想让空间有放大感，材质的运用是一门大学问。

建材种类的挑选直接影响整体空间感；

若想打造一个清新小家或者小豪宅，

通过建材的选用，便可营造出理想的家居氛围；

并借助材质施工和拼贴手法，玩出新花样，

达到延伸、放大空间的效果。

图片提供●甘纳空间设计

石材

浅色石材能有效放大空间感，局部运用更彰显质感

设计 关键	关键点 1	挑选大理石的色彩和材质时，浅色优于深色，如果表面采用亮面处理，更具有放大空间的效果。
	关键点 2	采用单纯的对花设计，避免使用繁复的花纹拼贴，让整体空间更为清爽，不会因石材的厚重质感而显得过于沉重。
	关键点 3	施工价格根据石材种类、施工面积和难易程度而有所不同，施工前应提前做好预算和规划，避免施工时间的延误与材料的浪费。

大理石、板岩和洞石本身的自然纹理能够营造大气的空间氛围，但在小户型中，大面积使用石材会让空间显得厚重，压缩空间面积。如果既想提升空间质感，又不显狭小，必须慎选石材种类和色系。

一般来说，最好选用浅色系，如米色、白色，也可以选择在表面做抛光处理，借助反射作用来延展视觉。在材质的表现上，大理石多以亮面处理展现精致的质感，洞石多半会保留天然孔洞，板岩则能彰显本身的自然纹理，多采用蘑菇面等处理方式彰显粗犷气息。小空间若想达到反射效果，应优选大理石。在设计时也要注意不能过于复杂，例如，铺设墙面时，建议小面积使用或采用悬空设计，以减轻大理石的厚重感。选择单纯的对花设计和纹理，避免采用小块拼贴方式，让人产生压迫感。

石材施工和材料费用因施工面积和难易程度而有所不同。石材的处理方式，如亮面或雾面处理，会额外增加费用。如果施工面积较小，工费单价会相对较高。另外，挑空施工时使用金属支架做支撑，价格比其他施工方式高，铺贴石材的高度超过 3 米时，才建议使用。如果石材本身较重，且在有特殊设计要求的情况下，即使小户型空间也会使用挑空方式，但必须承担较高的费用。

设计
原则

1. 悬浮设计，呈现轻盈感。
在公共空间，如客厅、餐厅等，小面积铺设最为恰当，能有效减轻石材体量，提升空间质感。采用悬浮设计可以弱化石材的厚重感，让空间更显轻盈。

图片提供●尔声空间设计

2. 同色系拼贴，视觉不干扰。为了丰富空间层次，可以采用石材拼贴的方法，形成错落有致的视觉效果。最多选择两种浅色系进行拼贴，且最好为相近色，即便花色不一，也不会干扰视线，反而可以延伸视线，有效拓宽视野。

| 墙面湿式施工 |

流程 规划石材的铺贴位置 ▶ 裁切石材 ▶ 在墙面上涂抹益胶泥 ▶ 铺贴石材 ▶ 用锤子轻敲表面，帮助贴合，调整石材的进出深度

如果石材铺贴在砖造、轻钢架隔断上，通常会采用湿式施工方式，在墙面上涂抹益胶泥后，再贴上石材。

| 墙面干式施工 |

流程 木作墙加强结构 ▶ 在石材背面涂抹 AB 胶 ▶ 铺贴石材

干式施工是不使用水的施工工序。以木作墙面为基底，在石材背面涂抹 AB 胶后，铺贴在木作墙上。

| 墙面吊挂施工 |

流程 立上金属骨架 ▶ 石材切出沟槽和衔接孔 ▶ 在石材与骨架相嵌处固定

以金属骨材为底，将石材锁于金属骨架上，通常较为牢固。这样做多半是因为施工难度高，需要堆叠的石材数量也较多，为了完全支撑石材重量，才使用吊挂施工的方式。

| 地面半湿式施工 |

流程 将地面清理干净 ▶ 混合 1：3 的水泥和砂 ▶ 在施工区域撒上泥水 ▶ 铺上水泥砂 ▶ 用刮尺整平 ▶ 撒上泥水 ▶ 铺贴石材 ▶ 用锤子轻敲表面，帮助贴合，调整石材的进出深度

多用于大理石施工。由于大理石的单块面积较大，为了让每块石材的高度保持一致，同时不让过多水分渗入大理石，会采用半湿式施工方式。经过一层水泥砂、一层泥水的交错施工，产生水化作用，使石材紧密贴合，而松软的水泥砂方便调整石材的高度。

大理石多按照平米数计价，边角和表面处理的费用依施工道数多寡另计。

图片提供●明代设计

粗犷的板岩与水泥天花板相互映衬

电视墙采用深灰色板岩，板岩本身带有的原
始感，能为空间注入自然气息，小面积使用
可以减轻体量，避免石材带来的厚重感。此
外，设计师保留天花板的原始高度，露出水
泥表面，水泥与板岩相互映衬，小空间也能
拥有粗犷的质感。

图片提供●甘纳空间设计

木地板

顺应光线和空间长边铺设，拓宽视觉广度

设计关键

关键点 1　根据铺设空间的长度和宽度、是否朝阳以及铺设范围，决定长短边的铺设方向。

关键点 2　浅色木纹能有效提亮、放大空间，如果规划在迎光处，则更显透亮，放大效果也更明显。

关键点 3　建议挑选 180 ～ 210 厘米的加长型木地板，以凸显空间纵深，进而产生放大空间的视觉效果。

木地板是常用的家居建材之一，带有温润的原木韵味，赋予空间浓郁的自然气息。如果用在小户型中，建议选用浅色木纹地板，经过光线映射，浅色系能有效提亮空间。有些浅色木地板带有红、黑等烟熏色，颜色较深沉，建议小面积使用。色系尽量以浅木白、灰白为主，以营造沉静、优雅的空间氛围。

木地板拼接时，多采用步步高升拼贴法，让木地板具有错落的视觉效果，从而避免单一和呆板，这也是最省料的施工方式。为了让空间呈现更加多元的变化，还可以选用"人"字拼贴，形成深浅交错的视觉效果，视觉上也带有方向性，能引导观看角度。

无论采用"人"字拼还是"步步高升"的拼贴方式，施工时均应注意铺设范围的长度和宽度，以及是否朝阳。沿着空间长边铺设，无形中拉长空间深度；如果朝向光处铺设，则能让视觉延伸至窗外，扩展空间范围，两种拼贴方式各有优势。此外，在拼贴"人"字木地板时，角度尽量不要太小，长度也不宜过短，否则，拼出来会显得过于密集。

· ·

| 应用
原则 | **1. 挑选加长型木地板，延展空间视觉。** 木地板的长度有 150 厘米、180 厘米和 210 厘米几种。在铺设范围较广且纵深较长的情况下，如果预算允许，可选用加长型木地板，以便拉长木纹纹理，延展空间视觉，并且展现大气的质感。 |

图片提供●实适空间设计

2. "人"字拼地板能有效延伸空间。

在空间中，运用"人"字拼木地板不仅可以增添视觉的律动感，无形中也暗示着空间的走向，在小空间中能有效拉长视觉，延展视野。此外，"人"字拼的设计也可以展现欧式风格情怀，增添异国情趣。

图片提图片提供●尔声空间设计

按照施工方式，可分为悬浮式木地板、平铺式木地板和架高木地板。

| 悬浮式木地板 |

流程　清理地面 ▶ 铺设防潮布 ▶ 拼接卡扣式地板 ▶ 收边

悬浮式木地板施工也称为直铺木地板施工。悬浮式施工的先决条件是卡扣式木地板，木地板之间以卡榫相嵌，无须下钉和铺设夹板，但必须保证地面平整。如果为瓷砖，应确保无翘曲情况。

| 平铺式木地板 |

流程　清理地面 ▶ 铺设防潮布 ▶ 铺上夹板 ▶ 裁切木地板后，下钉固定 ▶ 四周收边

平铺式木地板的施工方式必须以钉枪固定木地板，因此需要加一层夹板，方便固定。木地板具有热胀冷缩的特性，靠近墙面接口处要预留伸缩缝隙，以免日后木地板膨胀、翘曲。

架高木地板

流程 清理地面 ▶ 铺设防潮布 ▶ 立骨架 ▶ 铺上夹板 ▶ 裁切木地板后，下钉固定 ▶ 四周收边

架高木地板需要先立下骨架，再铺设地板。施工流程较为复杂，木地板经销商或木工师傅都可以施工，必须事先与施工方敲定方案。

按照拼贴方式，可分成"步步高升"和"人"字拼施工，一般多为平铺式施工。

"步步高升"施工

以阶梯状方式拼贴，裁切木地板前应进行测算，以确定施工范围的长度。一般多从门口往室内依序施工。

"人"字拼施工

"人"字拼施工时，需要先设定施工空间的中心线，然后从中心向外扩散，而非从墙面开始，以便在空间中呈现的"人"字拼角度不会歪斜。

计价方式

实木地板因取自天然木材，故价格比较贵一些。架高木地板的施工多了一道架高底座，因此会增加一些费用。"人"字拼施工方式需要裁剪好固定的尺寸，材料耗费比一般施工方式要多，价格也较贵。

图片提供●日作空间设计

横竖交错，顺应阳光和家具走向

为了不让视觉混淆，餐厅地面木地板铺设的方向与中岛和餐桌平行，并延伸至厨房空间，让餐厨合二为一。客厅木地板则顺势转向朝阳处，从大门进来就能顺着木质纹理向外眺望，延展视觉。通过木地板的横竖交错，无形中划分出不同的功能区，也为空间增添趣味。

以相同的材质，营造统一的视觉效果

架高客厅的地面，划分出书房空间，楼梯和架高区错落呈现。在不同的区域中，通过相同的材质整合视觉，避免视觉上的分割与零散，也能有效拓展空间场域。

图片提供●甘纳空间设计

瓷砖

大块瓷砖能有效扩大视觉范围

设计关键	关键点 1	白色、浅色瓷砖有助于扩大空间的视觉效果。
	关键点 2	菱形铺贴法、"人"字铺贴法能引导视觉方向，在无形中拉长空间感受。
	关键点 3	在地面上铺设大块瓷砖，可以减少视觉上的线条分割，进而达到放大空间感受的效果。

作为修饰墙面、地面的瓷砖，颜色、纹理和尺寸大小均能影响视觉效果，是空间中相当有分量的"角色"。瓷砖种类繁多，根据花色和烧制过程，大致分为抛光石英砖、木纹砖和花砖等。小户型选择砖材时，如果用于铺设地面，最好选择简单的纹理，且以白色等浅色系为佳。浅色使物体具有扩张的效果，亦可提亮空间。过多的色系或复杂的图案容易让人感到不舒服，因此建议空间用色不要超过三种，小面积点缀具有图案的花砖即可。

瓷砖拼贴方式与瓷砖尺寸有关，长条砖形可采用正贴、"工"字贴法或"人"字贴法，正方形砖材可用正贴或菱形贴法，增加视觉变化。菱形贴法和"人"字贴法角度具有一定的方向性，使视觉往横向或竖向扩张，有助于长条空间的视觉延展。

如果想让空间看起来更开阔，可以从砖材尺寸上下手，在客厅、餐厅等公共区域，铺设 60 厘米 ×60 厘米以上的大块瓷砖，减少砖与砖之间的缝隙数量和地面分割线条，通过趋近无缝的视觉效果，有效延伸地面纵深感。

应用
原则

1. 地面和墙面采用同色系瓷砖，能够延伸视觉。 将地面和墙面视为同一平面，四周墙面运用同色系瓷砖，能够产生连续的视觉效果，给人协调之感。单一色系也能确保视线不被分割，通过瓷砖本身的纹理变化，让空间更有层次。

2. 大块瓷砖产生无缝效果。 目前，瓷砖的规格比较多，30 厘米 ×30 厘米和 60 厘米 ×60 厘米是最常见的，比较大的有 80 厘米 ×80 厘米、100×100 厘米。地面选用大块的瓷砖能有效避免空间中出现过多的分割线条，令空间尽显大气风范，但砖材大小应与空间大小相匹配。卫生间、卧室这种小空间不适合使用大块瓷砖，否则容易造成比例失衡，大块瓷砖多用在客厅、餐厅等公共区域。

在铺贴瓷砖时，依照施工区域（墙面或地面）和瓷砖的大小来选择相应的施工方式。

| 硬底施工 |

流程 拉出水平、垂直的基准 ▶ 基层打底，整平施工面 ▶ 等待 1 ～ 2 天水泥干燥硬固 ▶ 在瓷砖和施工面上涂抹益胶泥 ▶ 铺贴瓷砖 ▶ 填缝

先以水泥打底，形成平整的表面，再用益胶泥黏着贴合，瓷砖、壁砖都可以使用。由于底层为硬底，因此瓷砖与墙面距离的调整余地并不大。60 厘米 ×60 厘米以下的瓷砖多采用硬底施工，因小块瓷砖很少会出现翘曲情况，完成后摸起来不易有明显的凸起。

| 湿式施工 |

流程 拉出水平基准 ▶ 水泥砂浆打底、抹平 ▶ 铺贴瓷砖 ▶ 填缝

可分成湿式和半湿式施工。多用于地面，水泥砂层未干固前是松软、可调整的，此类施工的优势是方便调整砖面高低。60 厘米 ×60 厘米以上的大块瓷砖容易出现瓷砖翘曲的情况，可通过半湿式施工调整瓷砖边缘，使之与地面紧密贴合，避免边角凸起太多。

一般来说，瓷砖的价格依材质的种类及大小而定。施工方式会根据瓷砖大小、铺设位置和难易程度而有所不同。小瓷砖或贴在墙面上的瓷砖通常采用硬底施工，铺设在地面上的、60 厘米 ×60 厘米以上的大块瓷砖多采用湿式或半湿式施工。

图片提供●日作空间设计

长条形瓷砖能拉长横向视觉

设计师特地依循长条形卫生间的尺度，在横长形的墙面上铺贴120厘米长的木纹砖。横向拼贴的设计让视觉从门口一路顺势拉伸至淋浴区，而超长尺寸也让空间显得更加大气。木纹砖本身模拟天然木头纹理，呈现自然、温润的气息。

图片提供●日作空间设计

裸露红砖展现迷人风采

由于格局需要扩增一房，因此设计师大胆采用极具质感的复古红砖来划分空间。裸露砖材原有的质地，不涂抹任何装饰材料，尽显粗犷的原始风味，并且赋予隔断功能，成为空间的视觉焦点。

图片提供●自作空间设计

镜面玻璃、烤漆玻璃

映射空间的最佳推手

<table>
<tr><td rowspan="3">设计
关键</td><td>关键点 1</td><td>将镜面玻璃或烤漆玻璃设置在狭长形空间的长边，能有效扩大横向空间。</td></tr>
<tr><td>关键点 2</td><td>镜面玻璃、烤漆玻璃以小面积运用为佳，使用比例不宜太高，否则容易造成眼花缭乱，很难让人有放松感。</td></tr>
<tr><td>关键点 3</td><td>在确定铺贴烤漆玻璃之前，应先确定开孔的位置，否则事后难以施工。</td></tr>
</table>

在狭小的空间中，为了让空间看起来更大，除了地面、墙面以浅色系为主外，还可以运用镜面材质。镜面是在玻璃背面镀膜，根据玻璃颜色的不同，如茶色玻璃、黑色玻璃等，会形成无色明镜、茶镜或黑镜等，视线无法穿透，具有可映照反射的特质。通过在镜面中形成倒影，无形中产生空间延伸的错觉。所有具有反射特性的材质都可以运用在小空间中，如烤漆玻璃、经过亮面处理的石材和砖材，以达到提亮空间的效果。

通常镜面会运用在窄长形空间的长边，以此延伸空间的横向视觉，也可以铺贴在隔断墙或电视背景墙上，减轻墙体的沉重感。在使用上，应注意比例不可过多，否则会因无法辨别虚实和空间距离而让人产生错觉。镜子的反射度较高，多采用局部施作，或与木作等其他材质进行拼接，以降低使用比例。反射度较低的茶色镜、黑色镜，则可以大面积使用，常用于柜体门板上或玄关过道处。

烤漆玻璃多用在柜体门板和隔断上，为空间增添亮点，并且便于清洁，也可以用于厨房墙面，和柜体门板相互映衬。但要注意，白色烤漆玻璃本身是偏绿色的，用在白色的墙面上会呈现绿色，而非完全透明。避免挑选浅色系烤漆玻璃或超白烤漆玻璃，以免色彩不符合预期要求。

应用
原则

1.局部悬空，与窗景交相辉映。
玄关、衣帽间等小空间，适合使用镜面来延展深度，同时可以考虑镜面的映像角度，如果镜面面对窗外，还可以将景色纳入室内，有效拓宽视野。此外，也可以搭配别致的灯光，或采用悬浮设计，加强视觉的轻盈感，并提高空间亮度。

图片提供●尔声空间设计

2. 选择合适的色彩，平衡视觉。 由于烤漆玻璃多为局部使用，为了使小空间不显得过于突兀，建议烤漆玻璃的颜色和墙面、柜体相同，或者选用一些和谐色，延续相同的视觉感受，使风格保持一致。

| 镜面玻璃、烤漆玻璃 |

流程 现场测量尺寸 ▶ 裁切 ▶ 四周收边 ▶ 用中性硅胶铺贴

镜面玻璃和烤漆玻璃需要先在现场测量尺寸，交给工厂裁切，再在现场贴合。如果有插座等开孔需求，应预先告知设计师，否则事后无法进行裁切。贴合时，不可使用酸性硅胶，应采用中性硅胶，以防镜面玻璃玻璃、烤漆玻璃受到腐蚀。

镜面玻璃和烤漆玻璃以平方米计价，通常是连工带料。

图片提供●明代设计

搭配镜面，消除空间的压迫感

在无自然光进入的狭长过道，加之到顶的高柜，使整个空间显得阴暗、拥挤。为了让小空间更加开阔，设计师采用镜面设计以提亮空间。横长形镜面拉长了视觉比例，视野变得更开阔，也消除了过道的封闭感。

图片提供●日作空间设计

巧妙运用半通透镜面隔断，确保空间畅通无阻

卧室一分为二，以半高梳妆台划分出梳妆区和睡眠区，上方搭配铁件框架镜面。隔断特意不做到顶，上方镂空的处理方式为空间增添轻盈感。镜面本身既有梳妆之用，也能映照出窗外景色，有效将视线延伸至室外。

图片提供● 雨声空间设计

玻璃

兼具功能与通透感

设计
关键

关键点 1　透明的玻璃隔断可以有效划分空间，并让视线穿透，避免空间产生狭隘感。

关键点 2　玻璃通过夹纱、染色或雕花处理，能让空间更富层次，既透光又具有遮蔽性。

关键点 3　设置在空间内侧或狭小的过道中，有助于光线射入室内。

家居空间中经常使用的玻璃材质大多是空间配角，用来衬托、点缀。玻璃具有无色、通透的特性，常作为隔断、门板，在划分空间功能的同时，也不阻挡视线，是小户型中常用的建材。

应根据玻璃的透明度、颜色、硬度来确定合适的安装区域，以有效修饰家居空间。常见的透明玻璃穿透度最高，如果希望视野、光线完全不被遮挡，透明玻璃便是最好的选择。如果玻璃面积较大，且设在客厅、书房等公共区域，基于安全考虑，建议采用8～10毫米厚的钢化玻璃，以免发生危险。

如果希望遮蔽部分视线且呈现通透的质感，可改用夹纱玻璃、雕花玻璃、茶色玻璃或黑色玻璃，这些玻璃具有透光而不透视的特点，不仅能遮住想隐蔽的区域，也能有效放大空间感受。玻璃能让光线深入室内，如果只有单面采光，可设在迎光处，以免光线受阻。此外，狭小的过道隔断也可以使用玻璃，消除空间界线，有效扩展过道宽度。

<table>
<tr><td>应用
原则</td><td>

1. 雕花玻璃镶嵌造型门板，赋予空间与众不同的风格。经过雕花处理的特殊玻璃可以丰富空间表情。通过网格线、门框设计，塑造复古、典雅的空间风格。玻璃的透光特性能让光线从门板射入空间，在提亮空间的同时，有效延伸视线。

</td><td>

图片提供●甘纳空间设计

</td></tr>
</table>

2. 以玻璃隔断做区隔，将自然光引入过道。玻璃隔断向来是小空间最常使用的设计手法，将光线引入空间，无形中扩大原本封闭的过道。材质上，可以选用茶色玻璃、灰色玻璃和雾面玻璃等，强化视觉印象，调和空间风格。

| 玻璃隔断 |

流程 确定玻璃的尺寸和分割计划，确认有无开孔 ▶ 在天花板上做玻璃凹槽 ▶ 工厂预裁尺寸 ▶ 嵌入玻璃 ▶ 以硅胶固定接合处

在安装玻璃隔断的过程中，需要提前在天花板上做出玻璃可嵌入的凹槽，以确保后续安装时拥有足够的空间。

计价方式

玻璃以平方米计价，通常是连工带料，价格根据玻璃厚度的不同而有所差异。

空间应用

图片提供●实适空间设计

双入口雕花玻璃门板，透光不透视

设计师采用古典对称式设计，在长条形空间底端设置两个入口，赋予空间独特风格的同时，也让光线"长驱而入"，避免室内过于阴暗。通过雕花门板的不透视设计，卧室既明亮又具有一定的私密性。

巧用灰色玻璃门板做区隔，保持空间明亮感

在卧室最明亮处，以灰色玻璃隔断划分出盥洗区和睡眠区，通过光线折射，屋主早晨不会被刺眼的阳光惊醒。为了让空间整齐有致，设计师利用玻璃门板围合出衣帽间，巧妙隐藏视线，放大空间感。方便开合的推拉门设计，可以将衣帽间完全打开，空间更显开阔。

设计要点 3

色彩搭配

想让空间放大，另一个简单、快速的方法是利用色彩，
小户型中通常会使用白色或浅色系，其实只要学会用深色，
也能营造出景深效果，放大空间感。
至于很多人担心多色搭配可能使小空间变得过于杂乱，
其实只要拿捏好色彩比例，空间不仅变得活泼，
也不会让人产生零乱的视觉感和压迫感。

图片提供●实适空间设计

深色

用对位置和色调，深色能为空间创造景深

设计关键

关键点 1　深色调明度较低，运用在小空间中必须与浅色相搭配，才能创造丰富的空间层次感。

关键点 2　小空间中的深色调占比不宜过高，深浅配比控制在 2：8 或 3：7，才不会让空间显得被压缩，影响居住者的舒适感。

关键点 3　天花板尽量避免使用过深的颜色，否则易产生楼板太低的错觉。如果想使用，建议使用混合调配的颜色，提升些许明度，以减少压迫感。

很多人不愿意在小空间中使用深色系，担心产生过于沉重的压迫感。事实上，在小空间中运用深色系的关键在于色彩搭配比例和使用位置，只要用对地方，也能放大空间感。

从色彩心理学的角度来看，空间配色是运用高明度色彩放大、低明度色彩内缩的原理，但深色系个性较鲜明，如果不与其他色彩相搭配，易导致空间过度压缩，反而无法达到放大空间的效果。深色系与其他高明度色彩适当搭配，可以营造深邃的空间感，因为色彩较饱和的深色能创造景深，运用在动线尽头可以延伸视觉，让人产生走道更长的错觉。

在小空间中采用深色系来放大空间效果时，建议采用明暗度对比的手法。例如：在高度较低的空间中，天花板可以采用高明度的浅色，墙面和地面则采用低明度的深色，以提升空间高度；反之，如果想扩张空间宽度，则墙面采用高明度的深色，天花板和地面搭配低明度的暗色系，无形之中放大空间感。

在小空间中，深色系整体使用范围不宜过多，最好仍以浅色为主色调。深色系的选择不局限于黑色、蓝色和灰色等纯色，不妨搭配较有层次感的中性色，如灰蓝色、灰绿色、灰褐色等，以营造柔和的空间氛围，这也比单纯的深色更时尚、耐看。

图片提供●实适空间设计

利用深色背景墙营造沉稳、宁静的睡眠空间，其余墙面则仍使用浅色，适当的深浅配色比例，让卧室不会因为使用深色而产生压迫感。

图片提供●尔声空间设计

在以白色为主的空间中，设计师特意在收纳柜上方和天花板转折侧面使用深色收边，使天花板具有向上延伸的视觉效果。深色勾勒的柜体线条也可延展空间景深。

图片提供 ● 尔声空间设计

白色

借由光线引导，白色材质和造型能够呈现光影变化

**设计
关键**

关键点 1　全屋使用单一材质的白色会过于单调，可以运用多种白色材
　　　　　质相互搭配，以不同的材质纹理展现空间的细腻质感。

关键点 2　白色空间要借助光线才能营造层次感，除了充分引入自然光
　　　　　外，还可以通过灯光设计，在适当的位置设置光源，让白色
　　　　　空间因光影变化而呈现出丰富的明暗层次。

关键点 3　善用造型设计创造立体化空间，高低转折处借由光线辅助，
　　　　　可以产生明暗变化，营造不同色阶层次的白。

白色经常用来放大小户型的空间感。白色能大量反射光线，同时带来轻松无压感，运用在小户型中能产生开阔感，但如果从天花板、地面、墙面到家具完全使用单一的白色，会让所有元素融合在一起，反而达不到放大效果。如何在小户型中运用白色，创造出丰富而不显呆板的氛围，是"小宅放大"的一门学问。

为了在白色空间中营造层次感，除了一般的涂料，还可以运用不同质感的材质，如镜面、雾面材质相互搭配，或者通过木材洗白处理、砖材拼贴手法，隐约表现纹理，提升白色空间的细节质感。另外，可以利用木作造型设计，以转折面的高低落差，配合光线映照，让高处呈现明亮的白色，低凹的地方因阴影而呈现灰色效果，这样小空间在白色和灰色的搭配下更具立体层次。

然而，单纯的白色空间中，无论材质、纹理还是不同的立体设计，都需要借助光线才能创造层次感。除了引入自然光，灯光设计也是创造白色空间轮廓的重要元素。在小空间中使用间接照明，不但能散发较柔和、均匀的光线，运用在适当的位置还能延伸空间视觉。例如，在较低的天花板上采用间接光源，有助于拉高视线；不同的材质在间接照明的渲染下，更能展现纹理的特色和细微的层次感。

如果担心白色太过冰冷，不妨试试"白色＋Ｘ色"的配色公式，或者搭配温润的材质，柔化空间氛围，为空间带来更多家一般的温馨感受。

图片提供●尔声空间设计

小空间以白色为主色调时，可以从材质着手，材质搭配时可以大胆些，如选用白色大理石、砖材或造型别致的家具等，让小空间在细节处展现丰富。

图片提供 ● 实适空间设计

多色搭配

选择喜爱的重点色彩，加以延伸，搭配专属色

设计关键		
	关键点 1	在大面积的主色调中，局部空间加强对比配色，可以强调特定的空间属性，再利用小面积较鲜艳的色彩，丰富视觉感受。
	关键点 2	建议局部使用艳丽的色彩，除了墙面，家具也可以延伸搭配出丰富的色彩。
	关键点 3	墙面、天花板等大面积区域使用过多的颜色，反而会让空间显得杂乱无章，同一空间的主色最好不超过三种。

在空间中运用鲜明的色彩，相信许多人是又爱又怕，因为色彩变化多端，色彩组合更是千变万化。每种色彩都有自身的特性，必须先有基本的色彩认知，才能善用色彩，掌握空间的风格调性。

从色彩带给人感受来说，红、黄、橙属于暖色系，给人温暖、热情的感觉；蓝、绿、紫属于冷色系，给人冷静、理性的感觉。纯色中加入的白色越多，明度就越高；加入的黑色越多，明度就越低。高明度色彩较为轻盈，运用在空间能放大前进感受；明度越低的色彩给人的感觉会越厚重，与面积相同的其他颜色相比，使空间有紧缩、后退的感觉，因此小空间经常会使用明度较高的色彩来放大空间。

在纯色中加入其他颜色，例如，在纯色中加入白色，明度提高，但饱和度降低；加入黑色，明度、饱和度均降低。一般来说，高彩度、高饱和度色彩给人正向、活泼的感受，高明度、低彩度的色彩给人柔和、轻盈之感。

搭配空间色彩时，首先要以自己喜爱的颜色作为主色，再运用相近色、互补色或对比色等配色手法，塑造空间风格或改善空间的明暗效果。小空间仍以放松、舒适的感受为前提，如果选择过于鲜艳或深沉的色彩，时间久了，可能影响居住者的情绪。

想在小空间里做出丰富的色彩变化，可以在部分墙面、家具上选用饱和度较高的色彩做点缀。整体仍以高明度色彩为主，因此并不会影响空间放大效果。

相近色搭配让空间呈现活泼又不失协调的整体感，例如，使用色相接近的大地色或中性色，虽然颜色相近，但能为空间营造"同中求异"的层次感。

设计要点 4

家具配置

家具的选择与空间有着对应关系，

因此小空间必须在摆放比例与家具尺寸上进行正确的选择，

避免空间受到压缩，让居住其中的人感到不适。

为了提高每一寸空间的利用率，

可以使用定制家具，此类做法有助于融合多种功能，

实现一物多用，也能提升空间的使用功能。

图片提供●思谬空间设计

活动家具

质精量少、弹性强才是王道

设计关键	

关键点 1 选购家具时不必成套搭配，用质感好的单件家具形成焦点，或只保留必要的家具。亦可以与固定家具搭配使用，节省更多活动空间，增加舒适度。

关键点 2 家具体量方面，尽量以轻薄、便于移动为主，功能性强、搭配性高的多功能家具能让空间发挥更大作用。

关键点 3 家具造型方面，宜矮不宜高；比例上，瘦长较宽胖好。可以融入时下流行的金属元素，强化线条感。如果家具体量过大，周边的家具款式要缩减占比，以轻盈相辅。

小空间最怕拥挤，选购家具时不要执着于成套搭配或某区域内一定要用某物的传统思维。应首先观察环境条件，并思考居住者的生活习惯，确定主要活动范围，再确定重点家具。例如，屋主喜欢在客厅看电视，一套柔软、舒适的沙发就是重点。如果屋主主要活动空间在餐厨区，那么一张充满质感的餐桌或可以久坐的餐椅则会成为挑选的重点。

确定重点家具之后，周边的次要家具再顺势调整。重点家具通常颜色较深、体积庞大，如果茶几或边柜的体量感厚重，视觉和心理上都容易让人产生滞闷感。简单来说，就是要注意家具间的质量配比。如果主家具材质厚重、体积庞大，次要家具就要在线条、材质和颜色上轻巧些，也可以通过降低高度的方式，来减少压迫感。

· ·

<table>
<tr><td>应用
原则</td><td>

1. 重质不重量。只保留必要的家具，舍弃次要家具，以争取更多地板面积。

2. 固定家具与活动家具相搭配。利用榻榻米固定式长条形座椅来节省空间，挑选质感较好的单椅沙发强化亮点。或者将餐桌与中岛连在一起，既延展厨房操作台面，缩短储物区与餐桌的距离，也可以节省走道空间，顺势引导动线。

3. 多功能用途。选用功能性较强的家具，这类家具通常可伸缩或可折叠，且设计之初已将外观和实用性考虑在内。大脚凳搭配托盘，以取代茶几，也是变通的好方法。

4. 金属元素。大型家具通常体量厚重，金属配件可以强化利落感，借助反射原理达到轻化体量的效果。金属收纳架体积小、支撑力大，造型上自带工艺感，非常适合妆点角落或台面。

5. 选择轻薄、便于移动的家具款式。

</td></tr>
</table>

除了上述挑选原则，还要注意预留足够的走道宽度。以成年人为例，站立时走道的距离至少达到 60 厘米才比较舒适；如果加上行走或坐起等动作，活动范围在 90 厘米以上不容易发生磕碰。无论选购何种家具，保证空间的平衡是首要目标。挑选时只要掌握"宁少勿多，虚实相生"的原则，便能轻松打造出舒适的小户型空间。

图片提供●思漻空间设计

运用小体量家具，释放更多空间

客厅中舍弃传统家具，利用榻榻米代替沙发，并辅以懒人沙发，释放更多活动空间。餐厅的塑料椅非常灵巧，自制木质桌面搭配橘色细铁管脚架，为空间增加色彩亮点，轻薄的造型既确保视野穿透，又充分展现开放式空间的格调。

长条木桌整合多种功能，确保空间足够宽敞

入口处用细长实木桌搭配单椅，以整合客厅、餐厅功能，长桌尾端借助小型中岛提供收纳空间，此搭配方式不但可以预留足够的走道空间，也具有动线导引的作用。此外，木质餐桌与周边建材相呼应，强化空间的设计感。

图片提供●日作空间设计

图片提供 ● 日作空间设计

图片提供 ● 日作空间设计

利落的线条削弱家具体量的存在感

咖啡色布沙发色彩沉稳、体积庞大，设计师特别选用靠背较低的款式，以减少厚重感。白色烤漆移动式边几小巧灵活，利落的线条能避免侵占视觉。浅木色圆形茶几为空间增添柔和感，无边角造型不容易磕碰到人，非常人性化。

金属元素有助于空间"瘦身"

木质是非常适合小户型的元素，但占比过高容易让人产生沉闷感；融入金属元素的活动家具可以有效改善这一问题。如果搭配元素相同的定制家具，不仅能节省更多空间，也使整体画面更显利落。

图片提供 ● 思谬空间设计

定制家具

争分寸、保通透，避免小户型的窘迫感

设计关键

关键点 1　采用悬空、镂空、间接灯光和虚实相映等手法，增强视觉穿透，不仅能弱化家具的厚重感，也不会因视线被切割而造成空间狭小。

关键点 2　缩小尺寸、选择轻薄的材料，以争取更多空间。此外，整合家具功能，减少面积浪费，或通过尺寸、距离的衔接拓展使用台面，提高空间利用率。

关键点 3　隐藏式设计多半需要拉大墙面尺度，整合各种功能，以有效装饰空间线条，营造大气感，同时达到理顺动线的目的。

小空间家居经常遇到因空间格局规划而造成空间不足或产生难以利用的畸形区域等问题。为了有效利用空间，在配置家具时，除了购买成品家具外，定制家具也是不错的选择：一方面有助于优化格局，修正不够方正的空间；另一方面可以合理利用畸形空间，提高小户型的空间利用率。

定制家具在材质、色彩、造型上也更能吻合整体风格，确保感官舒适最大化。对于有特殊需求的屋主而言（如身形特别高或矮、某类型收藏品特别多等），量身定制的家具也能提升居住品质。

小户型家居空间设计的关键是巧妙"偷"空间，减少压迫感。虽然定制家具的灵活性不如活动家具，但定制家具可通过墙面支撑，并采用各种方法，达到空间"瘦身"的效果。少了冗赘，小居所自然能有大享受！

应用原则

1. 缩小尺寸。使用成品家具时，经常遇到的问题是家具尺寸不符合空间要求，特别是柱子间的小墙或门旁角落。定制家具可以灵活地调整尺寸，在细节上提高空间利用率，例如，鞋柜内板以斜放取代平置，以增加收纳空间。

2. 增加通透感。收纳是家居规划的重点，但柜体会占据较多的视觉空间，所以造型上可以采用悬空、镂空等手法来增强视觉穿透感。此外，搭配间接照明，将厚重变轻盈。

3. 把部分家具"藏"起来。为了让小空间看起来干净整洁，直接将柱子、柜子或空间入口"藏"进墙面，也是一种设计方法。此方法通常需要拉大尺度，整合相关功能，以有效装饰空间线条，同时达到理顺动线的目的。

图片提供 ● 尔声空间设计

4. 虚实相映。此方法一方面可以营造空间层次感，通过立面深浅彰显设计品位；另一方面则确保实用性，让不便示众的生活杂物有所归依，同时降低沾染灰尘的概率。搭配反射性材质更有助于削弱体量感。

5. 延伸串联。采用定制的方式，将多个功能整合在一个家具中，或让相邻的A家具与B家具之间因高度或尺寸的衔接而增加使用面积，亦可搭配滑轨或滑轮，增加灵活性。

图片提供●日作空间设计

6. 材质多元。成品家具板材可供选择的种类较少，厚度无法改变，款式相对单一。定制家具可以选用轻薄型且承重力大的材料，如0.5厘米厚的铁件，不但大大减少了压迫感，在造型和材质搭配上更能依照屋主的需求增减比例。

空间
应用

图片提供●日作空间设计

悬空、延伸，让工作区变轻巧

利用一整条长板台面确保工作区有足够的面积，再通过一个"冂"形抽屉提供支点，并以斜角收边，让桌体变轻薄。墙面上设置一个开放式悬空柜，方便取用与展示；下方嵌入间接照明，既可以营造柜体漂浮感，也能补强光源，让墙面表情更加多元。

图片提供●甘纳设计

兼具造型功能，梁柱变身为视觉焦点

从玄关入口进来是一面深蓝色柜墙，设计师在上方采用坡度设计，以白色搁板强化立面与深度变化，兼具储物与跳台功能，让家中爱猫也可以悠闲自在地漫步。大胆的造型与配色让整面墙成为公共空间的视觉焦点。

图片提供●思谬空间设计

既修饰空间，又巧妙利用畸形角落

设计师在过道两侧规划了双面使用的开放式格柜。灰色玻璃搁板让体量显得轻巧，视觉上营造了如同积木堆叠的趣味性；背板与地板、家具色彩相协调。柜体既弱化了梁柱的压迫感，也充分利用梁下空间来增加收纳面积。

设计要点 5

收纳规划

收纳问题一直以来都是居家规划中最重视的问题，
对于不能随意浪费空间的小户型来说，
除了要收拾得干净，收纳规划还必须通过精准的设计，
与整体空间相协调。除了帮助屋主收得容易、
住得舒适外，也可以收敛空间线条，
让空间有放大之感。

图片提供 ● 日作空间设计

分区收纳

分散取代集中，收纳更加人性化

<table>
<tr>
<td rowspan="3">设计
关键</td>
<td>关键点 1</td>
<td>转变特定区域应采用特定收纳的思维，最好依据居住者的日常习惯，将所有收纳打散在暂留区、主要活动区和路径动线中，让收纳成为顺手达成的事情。</td>
</tr>
<tr>
<td>关键点 2</td>
<td>利用层架或开放式收纳家具，提高过道的利用率，既确保过道墙面的留白功效，又能在感官舒适的前提下，留出更多顺手的收纳空间。</td>
</tr>
<tr>
<td>关键点 3</td>
<td>通过整合功能和隐藏式收纳，化解物品分散所产生的零乱。柜体造型也可以采用一物多用的设计方式，既节省空间，又方便拿取物品。</td>
</tr>
</table>

许多家庭在做收纳设计时会把焦点设定在特定区域的特定范围，这种规划最大的优点是方便管理属性相同的物品，在柜体数量安排、尺寸调度上也更精准；缺点是容易流于形式，最终造成空间杂乱。为了避免小户型出现这样的窘境，应结合定制家具，将收纳"化整为零"，让柜体成为生活的帮手。

面对收纳难题时，人们通常受限于常规思维，但只要仔细思考自己及家人的日常生活习惯，运用"化整为零"的规划方法，就可以让顺手收纳成为习惯。当整理变得容易，家的样子自然而然保持美美的！

应用
原则

1. 提高过道的利用率。一般人都会在主要功能区（客厅、餐厅、厨房和卧室）规划基本的收纳空间，但经常忽视过道墙面。过道墙面在设计中多为留白之用，在这个部分的规划上，不妨以一段延伸的平台、悬空的半腰柜或错落式的格柜做铺陈，在保持感官舒适的前提下，争取更多顺手的收纳空间。

2. 整合功能。如果担心收纳地方太多，造成视觉分割，也可以将两个功能区整合到一个大柜体中，走到哪儿收到哪儿，空间也会因尺度延展而显得更大气。

3. 方便日常使用。无论暂留区还是主要活动区，均应方便屋主在日常生活中拿取物品。例如，在定制沙发侧边预留存放杂志、书籍的边柜，也可以与收纳框（篮）相结合，提高家具底层的空间利用率。

图片提供●思谬空间设计

4. 暂留区也要有收纳。 小户型中最容易忽视的收纳空间是玄关、卫生间和过道等暂留区，虽然因停留时间短，看似影响不大，却可以在出入时承接需求、提升实用度。柜体的造型可以尽量朝一物多用的方向发展。

5. 结合隐藏式收纳。 小空间中通常会利用地板或柜体的高低差来强调层次感，结合隐藏式收纳。例如，在架高的地板侧边设置收纳抽屉，将物品自然地归入走道动线。

图片提供 ● 日作空间设计

空间
应用

活用过道，兼顾留白与收纳

双面使用的格柜可以提高空间的利用率，也让客厅在兼顾实用需求的同时，保持清爽。餐厅与书房相邻，半开放动线设计让两截式柜体与外部区域相呼应，并且与书房内的台面连在一起，使小空间收纳更灵巧。

图片提供 ● 思谬空间设计

图片提供●日作空间设计

隐藏式收纳将物品归入动线

客厅与多功能区整合在架高的地板上，利用下方抽屉柜将物品"藏"进动线中。整面柜墙通过虚实搭配的手法将电视机隐藏起来，形成主墙的视觉焦点。餐桌的中岛侧面作为书籍摆放区，在餐桌旁阅读取用十分方便。

图片提供 ● 思谬空间设计

隐藏式收纳

转移焦点、难辨真假的视觉魔术

**设计
关键**

关键点 1　通过主次关系的安排集中视觉焦点，进而削弱对隐藏入口的
　　　　　注意力。善用勾缝粗细来调度整个墙面设计，让柜体自然隐
　　　　　藏其中。

关键点 2　通过深色柜墙与周边环境的对比，创造端景亮点；深色系有
　　　　　利于隐藏分割的线条，让收纳空间变得不明显。如果空间主
　　　　　色调是灰黑色，融合性会更高，更容易隐藏。

关键点 3　因视野角度的局限性，让高处或地板下缘的收纳不易被察觉，
　　　　　规划时可以利用台面延伸加以遮挡，让人忽略柜体的存在。

大多数屋主都希望自己的家格局方正，但空间中时常出现一些意想不到的干扰，比如一根横在房子中央的梁柱、侵占了地板的大柱子，或者位置不佳的隔墙……种种因素使面积有限的小空间变得更加窘迫，于是设计师会通过修梁、包柱、拆墙重塑等手法破解格局难题。那些为了校正空间而剩余的面积为隐藏式收纳提供了"舞台"。

暗门式封闭型设计是隐藏式收纳的常规做法。事实上，隐藏式设计的主要目的是转移焦点。人的视觉受颜色、材质或灯光的影响，将注意力集中在某个特定的地方。隐藏式收纳的位置未必要隐藏在角落，只要与周边环境相融合，让人察觉不到，就能达到目标。隐藏式收纳多应顺应房间的格局，通常与墙面或地板设计相关，规划时可以引入量身定制的概念，适度搭配隐藏手法，便能打造一个清爽、利落的舒适窝。

· ·

| 设计原则 |

1. 视角盲点。 小户型通常会利用高低差来界定不同功能区，位于视线下方的收纳通常会被忽略，如果台面延伸遮住开口，就更不易被人察觉了。此外，亦可以利用拆墙后重新定位的造型柱包藏收纳空间，削弱开口的存在感。

2. 色彩对比。 善用浅色背景是小户型空间扩容的方式之一，可以挑选一面柜墙做色彩对比。虽然乍看很

图片提供●日作空间设计

醒目，但视觉会逐渐习惯周边的环境，且深色系不但可以隐藏切割线，还能烘托效果，是转移焦点的好方法。

3. 似真似假。 格局规划时，为了理顺动线，设计师通常将尺度拉大，变成一整道墙面，此时可以通过勾缝线条将收纳空间隐藏起来。除了采用相同宽窄的勾缝制造画面和谐感，还可以通过粗细变化，让明柜与暗柜共存，在立面上交织出丰富的表情。

4. 以主藏辅。小空间为了装饰柱子而利用柜体包覆时，可以将整个柜子加大，并把接邻主动线的一侧定为主调，让造型更加显眼。侧边开口则以无把手门板淡化处理，达到隐藏效果。

图片提供●思谬空间设计

图片提供●日作空间设计

通过正面聚焦，虚化侧边收纳

黑色柜子一侧原来有一根大柱子，设计师利用加粗柜体的手法，划分出玄关和吧台区的空间。这个做法也扩大了白色柜体的范围，将柱子与柜子相结合。装饰后的柜子会聚焦在正面黑色部分，达到侧边隐藏收纳的效果。

图片提供●日作空间设计

大面积色彩对比，巧妙实现隐藏

左右两侧通过深浅色彩的对比，以凸显电器柜区域。柜墙下方悬空 10 ~ 15 厘米，电器柜本身也凸出木格栅墙 10 厘米，丰富的立体感削弱了与背景黏在一起的沉重感。深色背景凸显了金属感，让人容易忽略柜体的存在。

图片提供 ● 日作空间设计

定制收纳

关注屋主的生活习惯，调整细节，以校准需求

设计 关键	关键点 1	确保满足基础需求之后，应致力于收纳容积的扩增，并选用轻薄的材料，减少不必要的尺寸浪费，达到质、量兼具的效果。
	关键点 2	确定个人喜好，通过调整收纳细节，提升屋主的舒适度与满意度。个别区域依主要使用者的体型和习惯来规划，公共活动区域则强化取用和收纳的便利性，共同维持空间的整洁。
	关键点 3	定制家具通常能达到一物多用、节省空间的目的，又可以与整个环境相协调，非常适合小户型空间。

小户型因为空间小、收纳物品无处存放，所以很容易陷入"柜子越多越好"的困境中。事实上，如果只是倾其所能地追求数量，却不仔细分析空间条件、物品类别、屋主的生活形态，最后可能导致柜子满屋都是，却不好用、不想用。此外，过多的收纳空间也会让房间变得拥挤，反而降低生活质量。

可以采用定制收纳的方式来解决上述问题，根据屋主的收纳需求定制收纳空间，不仅在使用上更顺手，还可以将收纳整合在一处，避免过多的柜体。如果空间为不规则形，定制收纳还可以装饰表面、美化空间，兼具实用与美观双重功能。

<table>
<tr><td>

设计
原则

</td><td>

1. 满足基础需求。光线、气流、动线是舒适家居的三大关键要素。在做收纳规划之前，应确保光线充足、气流通畅、动线合理，然后再根据屋主的实际需求做基本收纳。此外，梁下的过道墙、柱边或地板下方也可以做收纳设计。

</td><td>

图片提供●法兰德室内设计

</td></tr>
</table>

2. 定制家具裁减冗赘。小户型需要解决的矛盾是需求太多但空间不足。整合多种功能的定制家具通常能够满足小空间质、量兼具的需求，通过造型上的串联、凹折、拉长或缩减，达到一物多用的效果，还可以利用轻薄的材料来"偷"取更多空间。

3. 分门别类，精准测量。将现有物品进行分类，把同属性或相关的物品放在同一处，以提高效率。书柜可以根据书籍的尺寸、厚度，放置在大小不同的格子中，或将经常阅读的书籍集中放置。规划区域时，最好依据主要使用者的体型、取用方便性进行设计。

4. 思考居住者的喜好。

如果屋主有收藏特定物品的习惯，应考虑展示区和备品区是全部展示还是部分展示，物品是否需要除湿、控温等问题。家务习惯也要仔细拆解，例如，规划衣柜时，屋主习惯挂放还是叠起来？配件多寡、物

图片提供●日作空间设计

品数量等细节都会影响收纳柜的造型、抽屉数量、尺度配比等，唯有精确评估，才能确定各区块最合适的占比。

图片提供●构设计

量身定制专属墙柜

在梁柱下方，设计师顺势打造定制高柜，在中段延伸出功能多元的台面，同时界定出客厅与厨房区域。高柜使用全白色，弱化柜体的存在感，并采用虚实交错的手法规划收纳立面，将实际的收纳功能转化为美化空间的墙面设计。

图片提供●日作空间设计

收纳箱、定制柜满足游戏需求

在儿童房中，设计师将床铺架高，空出下方活动区，以打造
儿童秘密活动基地。衣柜下方特意做镂空设计，通过活动式
收纳箱将玩具分门别类；楼梯侧边则规划为隐藏式收纳柜，
充分利用每一寸空间。

第二部分

小家幸福味，
小户型的理想生活

01

以色彩、砖材搭配，打造清新宜人的日式乡村风

文 ● Cline
图片提供暨空间设计 ● 十一日晴空间设计

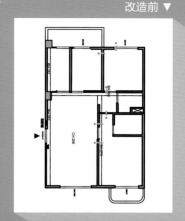

改造前 ▼

69.3 平方米

2 人

房屋基本信息

格局 | 2室2厅2卫、书房
建材 | 玻璃、复古砖、超耐磨木地板、彩色乳胶漆、马赛克瓷砖、木纹砖

由小变大的关键设计 ●●●

改造后▶

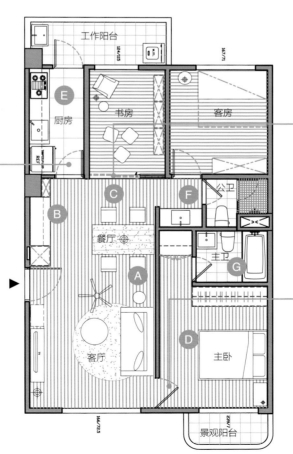

03

厨房、卫生间的房门选用透明玻璃、磨砂玻璃，以确保私密性，并通过通透的材质，达到引光入室和放大空间的效果。

01

书房隔断舍弃实体墙，特别采用玻璃格窗的推拉门设计，让视野更通透，无形中加大了空间尺度。

02

主卧房门往右侧挪动，延展沙发背景墙的宽度，让视觉更开阔，完整的墙面也能满足餐厅家具的摆放。

年轻的上班族夫妻喜欢到日本旅游，女主人收集了许多可爱的家居饰品，两人对第一个家有很多想法，希望融入喜爱的家具、色彩和氛围，让在家的每一刻都是轻松的。三室两厅的原始格局设计师未做大幅度调整，而是将主卧入口挪至另一侧，拉宽沙发背景墙，让客厅获得更多空间，也使客厅、餐厅融为一体。房门特别采用无框推拉门，以减少立面分割，强调视觉上的开阔感。

书房隔断采用玻璃推拉门，通透的玻璃格窗能放大空间感。将书房的地面抬高15厘米，以区分不同的功能区，并赋予随兴阅读的功能，或充当临时客房。

因为夫妻俩喜欢日式简约风格，且个性中带一点可爱，喜欢收藏小东西，因此进门左侧的复合式柜体采用木板拼贴，墙面搭配马赛克瓷砖，让空间充满趣味。橱柜选用进口面板，并搭配精致的把手，地面铺设复古红砖，墙面以瓷砖形成跳色层次，营造无印良品风的舒适家居。

配色上，客厅的沙发背景墙刷了高级灰的靛蓝色乳胶漆，比单纯的靛蓝色更耐看、更有质感。卧室则是低调、隽永的浅灰色，卫生间柜体为绿色，灰色的玻璃格窗与客厅的配色相呼应，结合自然的实木家具以及各种简约的现代灯具，打造一个极具个性的家。

A 色彩搭配

利用高级灰，提升空间质感

客厅沙发背景墙和餐厅背景墙均选择高级灰的
靛蓝色调，使小空间充满质感。无框式卧室门
搭配相近的灰色美耐板，在视觉上有延展、开
阔的效果。

B 收纳规划

复合式柜体集结多元收纳功能

设计师利用进入厨房前的过道墙面，规划悬空式
柜体，挑高的设计刚好可以收纳扫地机器人。柜
体采用木板拼接，极具线条感，搭配小面积的马
赛克瓷砖，营造乡村氛围。柜体深度为60厘米，
台面能收纳各种小型家用电器，非常实用。

ⓒ 材质应用

玻璃格窗将光线引入室内，放大空间感

书房选用透明玻璃格窗代替封闭的实体墙，两侧光线、视线能相互穿透，
无形中拓展了空间尺度。推拉门窗框刷饰了灰色乳胶漆，与客厅的配色相
得益彰。

D 色彩搭配

简约、舒适的浅灰色背景墙

卧室的天花板不做繁复的设计，延展了空间高度。年轻夫妻可以接受再低调不过的浅灰色作为床头背景墙的主色，搭配立体式照明，营造与众不同的家居氛围。

E 材质应用

橱柜线板、材质勾勒法式乡村风情

推开厨房的做旧门，走在复古红砖上，自然清新的瓷砖跳色运用，仿佛走进法国乡间，洋溢着惬意、轻快的步调。

F 材质应用

铝框磨砂玻璃门透光、不透视

卫生间洗手台由绿色浴柜打造而成，为了增添空间的视觉层次，设计师搭配了铝框磨砂玻璃门，化解采光不足与封闭感。进口地面砖结合平价墙面砖，既有效控制预算，又能创造质感。

G 材质应用

活动拉帘巧妙节省小空间面积

主卧卫生间铺设木纹砖与地铁砖，凸显整体质感，并使用防水浴帘取代玻璃淋浴门，既提高了小户型的空间利用率，也方便日常的清洁维护。

02

巧妙运用厨房隔断，丰富料理和收纳功能

文 ● Cline

图片提供暨空间设计 ● 实适空间设计

改造前 ▼

71.6 平方米

2 人

房屋基本信息

格局｜2 室 2 厅 2 卫

建材｜透明玻璃、铁件、超耐磨木地板、压纹玻璃、仿清水模特殊漆、彩色乳胶漆

由小变大的
关键设计 ●●●

改造后▶

01

除了必要的管线包覆，全屋的天花板不做任何装饰，同时保留梁柱，让高度有延展、放大的效果，无形中加大了空间感。

03

重新规划厨房，改造为实用的"二"字形格局；在玄关处使用玻璃隔断，面向采光的入口则使用透明玻璃推拉门，以此引入光线，让视觉延伸。

02

拆除书房的墙体，与客厅相互串联，打造开放式的公共空间。书房运用可自由移动的家具，弱化狭小的空间感，整个公共空间动线流畅、视野开阔。

屋主 AHTOH 和 YANA 之所以买下这个房子，主要的原因是可以从客厅看见飞机起落。一开始他们不想对格局进行太多的改动，只希望打掉书房的隔断墙，但看到设计师的平面方案后，两人决定听从设计师的专业建议。

"原先的客厅和餐厅是长条形结构，且没有玄关，看似方正，却难以利用；餐厅邻近大门，造成动线窘迫。如果只拆一道墙，反而会让空间变得更畸形。另一个问题是，小小的'一'字形厨房无法摆放电器柜、冰箱等家电。"设计师分析说。

于是，设计师拆除原书房的墙体，改造为开放式书房，获得宽广的双面窗景与空间感。将

"一"字形厨房改造为"二"字形，既增加了台面的收纳空间，也能妥当地摆放冰箱，同时实现最佳的料理三角动线。重新设计厨房之后，玄关也应运而生。

为了让小户型看起来更加宽敞，设计师保留原始梁柱，以争取挑高空间，并运用内凹的间接灯带设计，营造光线的流动感。电视墙则通过拉平凸出的结构柱体，成为一道简约、利落的立面风景。设计师特意在阳台保留一块小角落，夜晚打开灯，两人可以舒适地享受慢生活。原本想精简预算的夫妻俩，也开始讲究生活中的每一个物件，明确筛选充满故事的物品，而这也是设计师所期待的，让屋主的生活哲学重塑属于家的样貌。

A 收纳规划

利用原始结构规划收纳空间

设计师利用原始结构墙面的落差，在入门玄关处做了简单的层架设计，以收纳钥匙、手表等随身物品，并辅以灯光照明。

B 材质应用

通过设计与特殊材质营造空间层次

设计师通过拉平立面的处理手法，解决原始墙面凹凸不平的问题，打造简约、利落的仿清水模电视墙。电视墙上方的结构横梁不特意包覆，而是规划为间接光源，以弱化梁柱的存在感，凸显丰富的立体层次。

ⓒ 格局规划

开放式设计带来小宅宽阔感

设计师拆除书房的实体墙，客厅、书房的窗景得以延
伸，空间更加开阔。选择质感细腻的浅蓝色蜂巢帘，
调整光线，也为空间增添质感。

D 色彩搭配

跳色木纹砖带出活泼、温馨的氛围

因隔断调整而产生的餐厅背景墙，成为空间的视觉焦点。设计师运用染色木皮墙为空间注入些许温润的色彩，同时调和蓝色与仿清水模墙面产生的冷酷感。

E 色彩搭配

色调一致，延续沉稳特色

主卧的布局非常紧凑，床头背景墙刷了低调、沉静的浅灰色乳胶漆，蓝色窗帘与客厅的蓝色调形成一定的呼应，搭配设计师特别定制的落地镜，彰显简约、舒适的特色。

F 材质应用

清透玻璃化解厨房的阴暗和封闭感

"二"字形厨房围绕着玄关、餐厅，压纹玻璃隔断的设计让小空间更显通透，巧妙化解了玄关阴暗的状况；搭配一侧的透明玻璃推拉门，弱化了厨房的封闭感。

03 通过特殊门板调整空间功能，打造舒适、安心居

文●黄佩瑜
图片提供暨空间设计●日作空间设计

改造前 ▼

69.3 平方米	房屋基本信息
2人	**格局** | 1室1厅1卫 **建材** | 橡木、铁件烤漆、火山泥涂料、人造石、木地板、夹宣纸玻璃推拉门、玻璃百叶窗

由小变大的关键设计 ●●●

改造后▶

01 将餐厅、厨房调至玄关入口，取代客厅；通过开放式规划，让长条屋显得更加开敞。大面积使用白色乳胶漆，无形中放大空间感，创造明亮、清爽的家居印象。

02 善用原格局梁柱不多的优点，将收纳功能往两侧靠拢。简化动线后，可以确保光线与气流顺畅，提高居住者的舒适度；搭配滑轨门板，让空间更具弹性。

03 将最占面积的柜体安排在中间过道处，不仅节省了公共区域的面积，也使整体视觉呈现"宽一窄一宽"的动线韵律，有助于弱化长条屋的冗赘感。

这间朝北的老屋格局狭长，又是小巷连栋房屋中的一间，光照不足；加上气候潮湿，对于年事已高又独居的屋主而言，并非理想的居所。于是设计师大胆地对空间进行改造，融入无障碍设计，并加装了地暖设备，降低潮湿感。

将原本位于在房子后段的餐厨区调至入口，取代客厅。通过功能整合，扩大使用面积，增加活动空间，同时满足多种功能需求。白色的开放式厨房与可以吸附异味、调节湿度的火山泥涂料电视墙相呼应，既赋予空间明亮的观感，也有冷暖对比、粗细呼应的设计趣味。

房子中段是收纳区，一整排落地柜兼具衣柜和影音设备收纳两大功能。"藏"在柜子里的电器，利用红外线转发器就能轻松遥控；散热问题则通过地暖和空调所架空出的通道得以解决。悬空柜位于卫生间入口两端，除了是墙面造型，下方安装小夜灯，增加安全性能。拉上滑轨门板，柜体将空间划分为卧室和客厅，无须担心功能偏废的问题。

原始格局中后院面积不小，但利用率低，并有青苔湿滑的危险。装修时，设计师缩减了庭院面积，改为搭设采光罩的半开放工作区，不仅提升了雨天的空间利用率，也规避了室外噪声的影响。多功能工作区的天花板上铺设了气味独特的桧木，室内洋溢着木头香气；落地铝门窗、夹宣纸玻璃推拉门既充当了功能区隔断，也为室内提供双层保暖，让独居的长者在舒适的环境中更安心地生活。

A 材质应用

旧瓶新装，老屋重新焕发活力

设计师保留老屋外观，但把窗户更换为可调节气流和光线的玻璃百叶窗，以强化舒适感。防盗铁窗采用原先的样式，但改用白色，使空间更显明亮。入口铺设防滑瓷砖，通过色彩、材质的差异区隔功能区，也展示了无障碍的设计重点。

B 材质应用

设计与材质相搭配，创造丰富的层次感

整合餐厨区与客厅功能，不但增加了活动面积，亦破解了长条屋的压抑感。搭配镂空的几何铁件层架和半高鞋柜，让空间轻盈起来。墙面选用实用性强的火山泥涂料，素朴的质感与橡木皮巧妙搭配，并与对面的白色人造石形成对比，成为别具风情的门面妆点。

C 收纳规划

利用过道空间，设计集中收纳区

在过道位置设计集中收纳区，不仅可以提升空间利用率，也让空间产生"腰身"，提高主要活动区的舒适度。落地柜内部装设了电热式除潮棒，屋主不用再担心衣服受潮、发霉；柜体采用内嵌式门把手，以降低碰撞概率。

D 材质应用

双层门障增加舒适感

半开放的工作区可提升日常利用率，塑木地板也能降
低湿滑的风险。夹宣纸玻璃门带有日式障子门风情，
反光性低，同时有助于隔绝室外噪声，非常适合高龄
老人使用。搭配前方的落地铝门窗，构筑两道空气层，
强化冬日的保暖特性。

E 材质应用

桧木天花板提升感官享受

将多功能区的天花板打造成斜顶，采用 10 厘米宽的长条桧木进行拼接，不仅丰富视觉层次，也提供宜人的嗅觉体验。通过材质的变化创造类似于檐廊的印象，加上地板与室内材质的衔接，有助于放大空间的视觉效果。

F 格局规划

预留变更余地，契合无障碍设计理念

无障碍设计是该室内设计的重点，屋主特别要求保留淋浴区的门槛，于是设计师将长沟形排水槽设置在 2 厘米高的门槛旁边，即便日后撤除推拉门和石槛，也能确保干湿分区。

04

拉缩墙面，整平空间线条，打造方正格局

文 ● Eva
图片提供暨空间设计 ● 甘纳空间设计

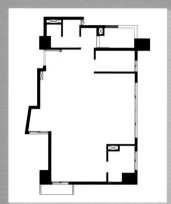

72.6 平方米

2人 +1 小孩

房屋基本信息

格局 | 2室2厅2卫
建材 | 木皮、喷漆、玻璃、铁件、实木地板、瓷砖、大理石

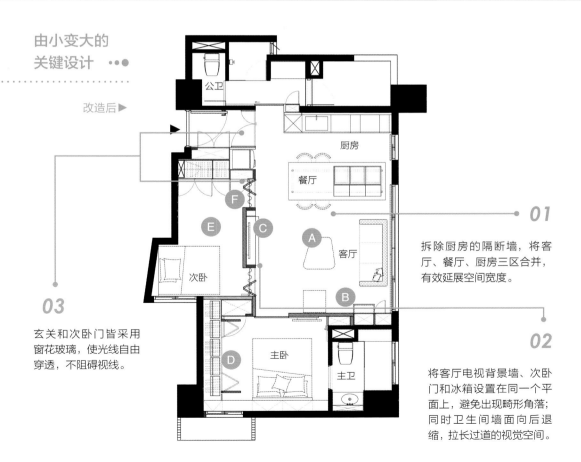

由小变大的
关键设计 •••

改造后▶

01

拆除厨房的隔断墙，将客厅、餐厅、厨房三区合并，有效延展空间宽度。

02

将客厅电视背景墙、次卧门和冰箱设置在同一个平面上，避免出现畸形角落；同时卫生间墙面向后退缩，拉长过道的视觉空间。

03

玄关和次卧门皆采用窗花玻璃，使光线自由穿透，不阻碍视线。

在这个采光良好的小户型中，必须满足屋主两室的要求，但又不能阻挡光线，导致室内阴暗，因此设计师通过窗花玻璃门的设计，确保室内采光。拆除厨房墙体，改为开放式餐厨空间，并与客厅融为一体，营造通透、明亮的家居氛围。

保留房屋本身四面采光的优点，将最好的采光区留给公共区域，客厅、餐厅和厨房连成一体，拉伸空间广度。在餐厅和厨房之间设置中岛吧台，既作为备餐区，也是家人共享美味的餐桌。将客厅一分为二，隔出一间小次卧，并将次卧门、客厅电视背景墙和冰箱整合在同一个平面上，避免出现畸形角落。

电视背景墙两侧不做满，以玻璃折叠门作为次卧入口，有效减少开门所需的半径空间，避免影响过道出入。次卧双入口的对称设计，融入了八角窗框，再辅以屋主儿时记忆中的格子窗花，成为公共空间的视觉焦点。

屋主经常出差在外，因此格外注重行李箱的收纳，于是设计师在主卧特别设计了开放式衣帽间，并延续客厅的玻璃折叠门元素，方便拿取行李。此外，位于次卧的畸形三角区则以假墙取平，透光的窗花玻璃房门能够保证光线自由穿透。

Ⓐ 格局规划

整合各个功能区，收齐空间线条

在原本无隔断的空间中，设计师通过电视背景墙隔断划分出公私区域。玄关采用二进式入口，顺势收纳冰箱，并将冰箱、次卧门和电视背景墙等功能整合在同一条直线上。电视背景墙的材质融入屋主儿时回忆，选用窗花玻璃和大理石，强化光线的反射和穿透效果。

Ⓑ 收纳规划

隐藏柜体，缓解视觉压迫感

由于屋主喜爱品酒，因此设计师将酒柜与墙面进行整合设计，一并规划进储物区，通过线条分割，巧妙地隐藏收纳空间，缓解视觉压迫感。此外，设计师还特别在酒柜上方设计了抽板，方便屋主放置开瓶器等小物件。整个空间以白色为主调，搭配造型别致的扇形吊灯，营造优雅且充满质感的空间氛围。

微调隔断，拓展空间广度

拆除部分卫生间隔断，与电视背景墙取平，塑造清爽、利落的线条感，过道也随之加深。拆除厨房实体墙，改造为中岛吧台，客厅、餐厅和厨房连成一体，以此拓展空间广度。设计师特意压缩中岛台面的厚度，避免过于沉重，营造更加轻盈的视觉感受。

D 收纳规划

开放式衣帽间让收纳更顺手

因为工作性质屋主需要有专门放置行李箱的空间，且能快速收纳。设计师除了设置衣柜，挪出更衣空间，还使用了不占据空间的折叠门，方便屋主随时拿取行李箱。铁件框架与木盒组成的挂衣杆，搭配充满东方风情的花卉壁纸，典雅而高贵，成为空间中最美的视觉焦点。

E 格局规划

拉出一墙，格局更方正

次卧本身为不规则的三角形空间，设计师利用床头背景墙拉齐空间线条，收纳柜也顺应墙面设置，形成方正格局。柜体运用单纯的线条分割出柜门，无把手设计让立面更完整。

F 材质应用

巧妙运用八角玻璃窗花，光线不受阻

为了有效利用室内的采光优势，迎光处的次卧门和玄关门均采用八角玻璃折叠门，搭配复古窗花玻璃，引光却不透视，确保卧室的私密性。折叠门的设计可以缩小开门的旋转半径，拉宽光线射入范围，即便从卧室出入，也不会阻碍过道上行走的人。

05 进退之间，扩大空间尺度，重塑家的幸福样貌

文●王玉瑶
图片提供暨空间设计●构设计

改造前 ▼

49.5 平方米

2 人 +1 猫

房屋基本信息

格局｜2 室 2 厅 1 卫

建材｜玻璃推拉门、超耐磨木地板、彩色乳胶漆

由小变大的关键设计 •••●

改造后▶

公卫

衣帽间 **F**

主卧 **F**

B

A

客厅 **C**

E

次卧

餐厅

D 厨房

阳台

01 使用通透的材质，视线延伸，达到放空间的效果。

03 将封闭式厨房改为开放式，既扩大了厨房的使用面积，也避免实墙隔断造成空间的压迫感。

02 缩小原始和室的面积，释放多空间，以规划用餐区，同增加开放式公共区域的视觉积，削弱狭小的空间感。

在这个不足 50 平方米的小户型中，夫妻和一只猫使用起来不会过于局促，但原始两室格局，加上封闭式厨房，压缩了公共区域的面积，并完全遮挡了单面采光的光线，一进门就让人倍感压抑。

由于需要为屋主的父母预留临时客房，又要规划未来的儿童房，因此设计师在格局上仍维持两室，将造成空间不够方正的和室内缩约 120 厘米，拉齐墙面线条，让空间变得方正，避免产生畸形空间。和室原始的隔墙以通透的玻璃推拉门代替，将光线顺利引入室内，未来也可以作为儿童房。

房屋层高约 3.3 米，在高度允许的条件下，主卧衣帽间不做到顶，留出 110 厘米高做夹层，宽度内缩，与电视墙之间留出空间，规划夹层楼梯。电视背景墙顶端做镂空设计，确保夹层空气顺畅流动，未来无论给孩子还是父母住，都能保证舒适度。

公共空间改为开放式格局，串联客厅、餐厅和厨房，既方便家人互动，也能营造开阔的空间感。微调厨房格局，打造开放式餐厨空间，让厨房收纳功能更加完备，便于女主人未来大展厨艺。

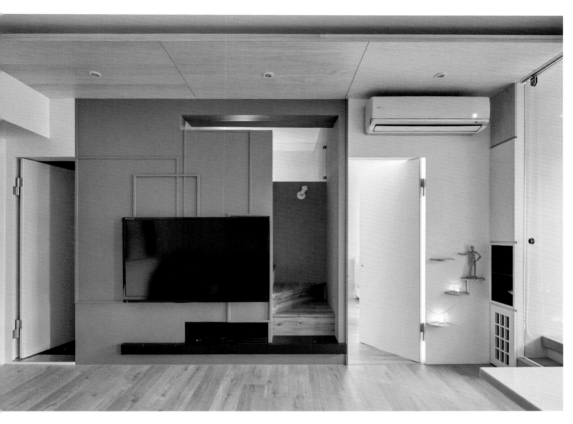

A 色彩搭配

大胆用色，制造吸睛亮点

电视背景墙特意利用线条勾勒出丰富的立面层次，刷上让人眼前一亮的蓝色乳胶漆，通过强烈的色彩对比形成聚焦效果，为充斥着大量白色的小空间增添活泼感。

B 收纳规划

发挥空间极致的收纳设计

电视背景墙后面"藏"着通往夹层的楼梯，设计师在台阶后再做 90° 转折，以节省空间；利用台阶高度，将台阶立面设计为拉抽式抽屉，以解决小户型收纳不足的问题。

C 格局规划

以开放格局创造开阔新生活

拆除多余的墙体，设计师将公共区域规划为开放式，串联起厨房、餐厅与客厅，形成一个开阔的生活场域，同时将更多自然光引入室内，改善原来空间阴暗的问题。

D 收纳规划 + 色彩搭配

集中收纳，使用更顺手

将厨房改造为开放式，但"一"字形厨房仍无法完全收纳小型家用电器，因此设计师在厨房打造了一面顶天立地橱柜，以便收纳厨房的各种物品，并采用灰色系统板材，与白色空间形成对比，不会因色彩过重而产生压迫感。

🄔 材质应用

利用通透材质，引光入室，扩大空间感

保留原始和室，使用玻璃推拉门取代遮挡光线的
实体隔墙。此外，设计师特别选用了灰色玻璃，
以避免过于直接的视线，同时达到丰富空间色彩
的效果。

F 格局规划

微调格局，让主卧功能更完备

原始主卧功能单一，因此设计师以入口做分界，把卧室切分为衣帽间与睡眠区。衣帽间空间内退，留出夹层楼梯空间后，把剩余空间规划为步入式衣帽间。临窗处的畸形空间则打造为榻榻米休闲区，既拉齐空间线条，又强调主卧功能。

06 精致的收边细节，为窄长形空间营造欧式家居氛围

文●陈佳歆
图片提供暨空间设计●尔声空间设计

改造前 ▼

59.4 平方米

2人

房屋基本信息

格局｜1室2厅1卫
建材｜木纹砖、大理石、复古花砖、钢化玻璃

由小变大的关键设计 •••

改造后 ▶

02

主卧以深度较浅的书柜取代隔断墙；客厅、厨房的窗边收纳柜考虑使用的便利性，深度比一般收纳柜略浅，无形中争取到更多活动空间。

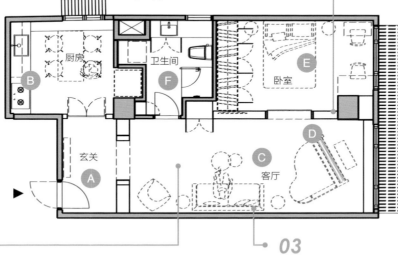

01

线板上精准的对线勾勒出利落的空间感，笔直的线条有助于创造视觉景深，细腻的设计让层高3.6米的空间充满层次，窄长形空间因此不会显得压抑。

03

客厅沙发背景墙采用浅灰绿色搭配白色线板，充足的光线使空间清爽、明亮，墙面色彩衬托着蓝色丝绒沙发、黑色钢琴和丰富的工艺品，以此转移视觉焦点，弱化空间狭隘感。

女主人长期旅居英国，与来自英国的丈夫定居台北，希望将这个小家打造为夫妻喜欢的法式风格，营造真正的欧式氛围，让居住在台北的男主人回到家感到舒适、自在。

这间不足 60 平方米的房子已有四十余年的房龄，设计师根据屋主的需求，重整格局，让老房子焕发出新的活力。夫妻俩希望重现精致优雅的法式空间氛围，即使空间不大，设计师仍依照典型的欧式居家格局留出玄关，用陈列柜做隔断，让视线在进门后与客厅衔接。位于玄关左侧的独立厨房采用双推门设计，鲜明的欧式风格元素能够满足女主人的期许。

客厅和主卧之间的隔断以收纳柜取代，缩减墙面厚度，以争取更多空间，并选用透明玻璃推拉门，虽然缺少私密性，但通过光线与视线的穿透，间接增加了侧面采光，位于客厅的黑色钢琴沐浴在阳光中，有效缓解空间的沉重感。

线板是营造法式风格的重要元素。客厅中，设计师采用双层线板装饰墙面，第一层线板勾勒出天花板边缘，第二层线板将沙发背景墙上的天花板梁柱巧妙隐藏，拉出精准的水平线，使空间轮廓更显精致。设计师在厨房设计上，也花了不少心思，为了方便屋主照料窗台外的绿植，窗户边缘设计为深度较浅的收纳柜，配色上选择经典的黑与白，在视觉上形成统一感，营造出有如置身欧洲的家居空间。

材质应用

特殊的地板拼贴放大玄关空间

玄关地板将木纹砖以 45°角拼贴出纹理，向外扩张的放射状线条有延伸视觉、放大空间的效果。作为隔断的陈列柜采用镂空设计，以确保从玄关到客厅的视觉通透，并化解进门时的封闭感受。

B 收纳规划 + 色彩搭配

巧用深度较浅的收纳柜增加空间面积

厨房以白色为主色调，以此放大小厨房的空间感。推拉门需要较大的回旋空间，因此窗边收纳柜不能太深，同时保证足够的走道宽度，深度较浅的收纳柜也方便屋主照料窗台上的绿植。

C 材质应用

挑高天花板搭配直线，拉长视觉景深

长条形空间适合以直线拉长空间，加上 3.6 米的层高优势，小空间不显局促。天花板以双层线板隐藏沙发背景墙上凸出的横梁，利落的直线能够引导视线，拓展空间景深。

D 收纳规划

收纳柜取代实墙隔断，争取更多宽度

主卧隔断以 40 厘米深的书柜取代实体墙，缩减墙体占据的厚度，为窄长形空间争取更多宽度。存放琴谱的收纳柜采用开放式设计，以节省打开柜门的空间，屋主不用挪动琴椅就可以轻易拿取。

E 色彩搭配

浅灰绿搭配充足的光线，营造有温度的明亮空间

设计师考虑床铺摆放位置和走道宽度，卧室房门特别选用玻璃推拉门，使光线顺畅地射入客厅。空间以轻浅的灰绿色铺陈，在光线的照映下颇有温度感，提升空间层次的同时，也不会让人感觉过于单调。

F 材质应用

调整窗户大小，打造精致的卫浴空间

卫生间是全屋光线最充足的地方，为了配备全套的卫浴设施，设计师将窗户缩小，改为盥洗台。特别讲究收边细节的设计师，将淋浴间的门槛和边框都省略掉了，巧妙的设计让卫生间显得十分精致。

07

穿透与延续，打造无拘无束的日式生活

文● Cline
图片提供暨空间设计●实适空间设计

61 平方米
1人

房屋基本信息

格局｜1室2厅2卫＋衣帽间

建材｜硅藻泥、复古砖、透明玻璃、铁件、彩色乳胶漆、仿清水模涂料

由小变大的关键设计 ●●●

改造后▶

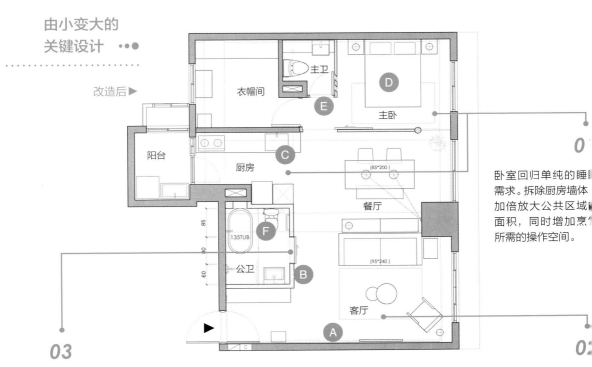

衣帽间

主卫

主卧 D

E

阳台

厨房 C

餐厅 (85*200)

(95*240)

135TUB F

公卫 B

客厅

A

卧室回归单纯的睡眠需求。拆除厨房墙体加倍放大公共区域面积，同时增加烹饪所需的操作空间。

03

采用若隐若现的隔断设计，如卧室局部隔断选用玻璃夹钢丝，卫生间采用镂空长形开口，产生延展、放大的视觉效果。

遵循材料的延续性，并采用框景手法运用仿清水模涂料串联公私区域，通过大尺度画框般的硅藻泥墙面营整体且连续的开阔感受。

屋主 Adachi 对未来生活的想象是：空间开阔，无拘无束。她喜欢到日本旅游，期待新家能融入日式设计语汇。

既然是一个人住，原始两室的格局势必得做出调整。卫生间和厨房非常狭小，主卧被隔成长条形结构，中间反而闲置浪费，且面临床铺对着卫生间房门的尴尬窘境。为了让屋主好好享受回家的时光，设计师首先缩小主卧面积，为餐厅争取更多空间；其次，拆除厨房墙体，与客厅、餐厅相串联，让公共区域更显开阔、通透。

小空间若想瞬间放大空间感，另一个关键设计是采用通透的材质。卧室局部隔断采用玻璃

材质，房门则是推拉门形式。卫生间隔断以斜切 45 度划出镂空视角，空间彼此穿透，带来意想不到的开阔感。此外，设计师撷取日式建筑、庭院造景等概念，玄关至电视背景墙刷饰硅藻泥，赋予框景意象；大面积仿清水模涂料从公共空间延伸至卧室、卫生间。光线照进来，产生丰富的光影层次，搭配香槟金窗框，极具现代感。

运用玻璃、铁件、原木构成具有现代感的格栅语汇，卧室隔断嵌入钢刷木皮，巧妙契合日式建筑特有的美感，从格局规划到氛围营造，远超屋主的期许。

A 材质应用

巧用低调材质，营造丰富的视觉层次

仿清水模涂料从电视背景墙向窗边延续铺陈，营造简约的日式景致。光线洒落在水泥地上，会带来丰富的画面感，搭配香槟金窗框，颇具现代特色。

B 材质应用

适度留白，强调无压放松感

电视背景墙上刷了大面积的硅藻泥，形成日式庭园般的框景效果。右侧过道与卫生间隔断延续纯净的白色，展开无压、舒适的生活步调。

C 格局规划 + 色彩搭配

极具日式风的开放式厨房

拆除隔断之后，厨房操作台面获得了更多空间。设计师
特别选用屋主喜爱的绿色橱柜，搭配白色小尺寸瓷砖、
原木地板和吊柜，营造浓郁的日式复古氛围。

D 色彩搭配

冷暖色调调和的静谧空间

空间尺度缩小后的卧室刚好能够满足睡眠需求，小巧且
精致；床头背景墙刷深色乳胶漆，搭配温润的原木材质
（床、地板），调和卧室的色彩温度。

E 格局规划

微调主卧卫生间开口，满足使用需求

主卧内的小卫生间予以保留，设计师调整入口动线，化解床铺上对着卫生间房门的尴尬难题，且特意采用镂空开口设计，让视觉焦点落在红色灯具上，既放大空间感，又通过光影变化强化空间氛围。

F 格局规划

整合公共卫生间功能，提高空间利用率

调整格局以后，公共卫生间的面积有所扩大，因此能够放下舒适的浴缸。设计师在一侧墙面做壁龛设计，巧妙隐藏收纳空间，让整个空间显得更大气、利落。

08

整合功能设计，不足30平方米也能有衣帽间和储藏室

文 ● Cline

图片提供暨空间设计 ●谧空间研究室

改造前 ▼

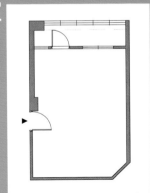

29.7 平方米

1人

房屋基本信息

格局 | 1室2厅1卫、衣帽间

建材 | 复古瓷砖、超耐磨木地板、夹膜玻璃、镀锌钢板、铁件、镜面、防水乳胶漆

由小变大的 关键设计 ●●●

改造后▶

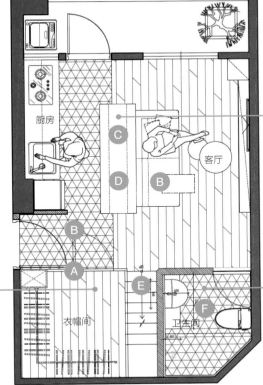

01

餐厨空间由操作台和餐厅的吧台长桌围合而成，避免过多隔断的阻隔。客厅选择镂空铁艺家具，让空间尽显通透与开敞。

03

利用垂直高度，架高出睡眠区，将床铺嵌入楼板结构，减少凸出线条的干扰，辅以无边界设计，化解小空间的压迫感。

02

卫生间隔断收整为平面，门板采用黑色夹膜玻璃，并以浴帘取代玻璃淋浴间；面盆特别选用尺寸较小的内嵌式，留出更多空间。

谁说不足 30 平方米的小空间必须舍弃想要的生活功能？喜欢烘焙的女主人希望这个小房子具备常规的厨房、餐厅、客厅，不像小套房那样一进门就看见床铺。看似难解的小宅格局，设计师从空间的垂直、水平向度重新思考，运用功能重叠的设计手法，满足屋主的各项生活所需，让小户型也能拥有独立的衣帽间和储藏间。

原始格局中没有任何隔断，设计师从入口处将左侧设定为公共区域、右侧为私密区域。通过精细的尺度规划，利用 3 米的垂直高度，打造架高的睡眠区，下方为衣帽间，高度约为 1.6米（身材娇小的女主人可以获得舒适的空间感受）；此外，在楼梯侧面打造丰富的储物空间。

采光极佳的公共区域利用水平向度切割出餐厨、客厅空间，以复古瓷砖、超耐磨木地板为分界，隐性划定不同的功能区。吧台兼具餐桌、操作台、工作台等功能，上方的铁件吊柜整合收纳、展示与照明功能；下方是双向的储物柜，小户型中的每一寸空间都得到了合理利用。

不仅如此，设计师运用细腻的设计手法，减少多余线条的干扰，当立面足够简单，就会从视觉上产生放大效果。例如，将床铺嵌入楼层板，辅以无边界架高框架，让视觉得以延展；结合镜面、玻璃材质门板，以及深浅色彩的对比，多角度放大小户型的空间感。

A 收纳规划

善用高度，切分出睡眠区与收纳区

让空间向上发展吧！设计师通过架高的床架围塑出极具私密性的小卧室。1.6 米高的下方空间就成了衣帽间和储藏室，身材娇小的女主人可以获得舒适的空间感。

B 材质应用

巧用地板划分不同的空间，获得无压开阔感

设计师利用水平向度切割出餐厨、客厅空间，并利用复古瓷砖、超耐磨木地板区分不同的空间。地面划设的轴线与衣帽间镜面切割处对齐，线条简洁、利落，让视觉有延伸、开阔的效果。

ⓒ 格局规划＋家具配置

整合多种功能，满足小户型需求

利用吧台长桌界定客厅和餐厨空间，长桌也是厨房操作台面的延伸，同时具备餐桌、工作台等多种功能，一物多用，打破小空间的环境限制。在家具的配置上，设计师大多选择轻巧、低矮的款式，利用小体量的家具进一步放大空间感。

D 收纳规划

利落的设计淡化柜体的沉重印象

餐桌吧台上方悬吊的铁件层架除了具有收纳、展示功能外，整合了照明设计，视觉上利落、轻巧。桌面下方放置了电器柜和双面都能使用的储物柜，合理利用每一寸空间。

E 色彩搭配

巧妙混搭，创造视觉变化

卧室、卫生间特意刷饰深色墙面，与公共空间的亮白、轻盈色调形成强烈的色彩对比。楼梯踏面选用带有金属亮光的镀锌钢板，与一旁的玻璃和镜面相互映衬，营造独特的家居氛围。

F 材质应用

精算尺寸，节省空间，放大空间效果

卫生间舍弃传统的淋浴间，改为轻巧且具有弹性的防水浴帘，并选择尺度较小的内嵌式面盆，营造开阔的空间。材质应用和色彩搭配延续公共空间的设计手法，强调整体性。

09

少量家具释放更多空间尺度

文 ● Cline
图片提供暨空间设计 ● 谧空间研究室

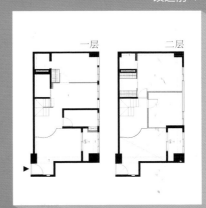

一层　二层

79.2平方米

2人 + 1猫

房屋基本信息

格局｜3室2厅2卫

建材｜冲孔密度板、冲孔铁网、
人造石、花砖、系统柜

由小变大的关键设计 ●●●

改造后▶

02

拆除厨房的墙体，调整橱柜方向和冰箱的摆放位置；少了墙面，可以减少封闭感，引入更多光源；搭配开放式客厅、餐厅，让家的表情变得光彩、明朗。

03

将外半圆弧形平台改为直角，并利用冲孔铁网增加视觉穿透性，以确保上下楼层之间的互动；因造型和材质上的推陈出新，创造出轻盈的空间印象。

一层

客房

公卫

餐厅　E

D　厨房

01

公共区域将收纳统一整合在夹层下方的落地柜中，并用窗边矮柜和懒人沙发取代传统家具；去除多余的线条干扰和体积侵占，不仅塑造出清爽的门面，也让空间变得更加灵活、弹性。

C

A　客厅　B

二层

主卫　主卧

衣帽间

次卧

F　多功能区

女主人平时喜欢做手工，希望这间老房子明亮、宽敞，于是设计师拆除厨房墙体，引入更多自然光，并通过动线串联拓宽视野，放大空间感。此外，旧的夹层上有一个半圆弧形平台，设计师将其改造为直线收边，并使用到顶的冲孔铁网围栏，一方面确保居室安全，另一方面让整个家的气质更显时尚。

屋主没有看电视的习惯，养了一只宠物猫，希望人与宠物都能自在地行走坐卧。设计师使用 25 厘米高的临窗卧榻和懒人沙发代替传统沙发，既增加收纳功能，又保留了座位，界定出客厅空间。主墙面则利用夹层下方空间设置镂空落地柜，通过虚实相映的手法和简单的线条提升视觉层次。点缀长板凳与悬空搁板，让整体画面利落却不显单调。

将餐厨区整合到同一空间中，利用花砖拉出界线。原来的"一"字形厨房调整为倒 L 形，将冰箱移至两扇窗户中间。如此一来，工作区的面积就增大了许多，也更容易掌握入口动静。客房入口右侧使用可自由调整高度和距离的冲孔密度板，既可用来收纳锅碗瓢盆，又能作为作品展示区。

二层多功能室同样使用冲孔铁网穿引光线与视觉，但选用青嫩的绿色，搭配咖啡色地板，犹如置身森林之中。多功能室外顺应结构梁位置，规划了长条形照明设施，并设置了开放式层架，畸形角落摇身一变，成为舒适的阅读区，无形中提高空间利用率。

A
格局规划

拆除厨房隔墙，整合公共区域的光线，拓宽视野

原始厨房正对楼梯，两侧又有隔断墙，造成光源受阻，视线被切割。设计师拆除多余的墙体，通过不同的地面材质串联、整合公共区域，因视野延伸而放大了空间感。此外，将夹层的半圆弧形平台改造为直线收边，并使用白色冲孔铁网围栏，让家的表情利落又爽朗。

B
家具配置

巧用卧榻，定义客厅空间

客厅保留原有的落地窗，但改用白色平面卷帘，确保线条简洁。25 厘米高的卧榻不会影响客厅的采光，设计师在下方设计了抽屉，增加实用功能。通过简单的卧榻设计勾勒出客厅的样貌，因少了传统家具的牵绊，空间充满更多的可能性。

ⓒ 收纳规划

落地柜妆点主墙面，满足收纳需求

设计师利用夹层下方的空间，设置了一排大型落地柜，一来
不占据活动区面积，二来通过底部和侧边镂空设计轻化体量
感，虚实相映之间，兼具功能和美感双重属性。柜体左侧使
用长板凳和悬空搁板做点缀，并利用原木色、造型和高低层
差，创造墙面向上延展的印象，丰富立面视觉效果。

D 材质应用

轻体量家具减厚重，为小空间带来呼吸感

设计师利用超耐磨地板和花砖材质上的差异来隐形界定餐厅和厨房，并通过造型轻巧的餐桌椅减少厚重感。塑料餐椅为宜家风格，亮橘色铁管桌脚虽然是成品，但搭配上自制的木质桌面，毫无违和感，也让桌椅色系趋于一致。

🅔 格局规划

调转冰箱位置，延展厨房动线

将冰箱移至两扇窗户中间，创造画面平衡感，并确保光线不受阻隔。这样的改动使厨房动线更加合理，大大扩展了操作台面。墙面使用能自由调整的冲孔密度板，实用性高，同时呼应二层的铁网孔洞，让设计语汇更加完整。

🅕 材质应用

以镂空手法激活角落空间

二层多功能室采用青绿色漆上墙，上绿下褐的配色，营造森林般的自然感受。在室外的多功能角落空间中，设计师借助冲孔铁网的圈围和镂空间隙，让上下层互动联结。结构梁下规划了长条形照明设施，摆放一张尺寸较宽的单椅，无论小憩还是阅读都十分宜人。

10

以宽敞的尺度营造光影流动的日式简约生活

文● Cline
图片提供暨空间设计●十一日晴空间设计

改造前 ▼

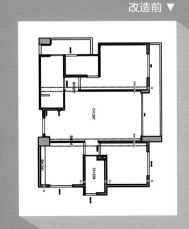

房屋基本信息

82.5 平方米

2人

格局 | 3室2厅2卫
建材 | 手工砖、透明玻璃、仿清
水模瓷砖、超耐磨木地板

由小变大的关键设计 ●●●

改造后▶

01

将主卧门挪移至另一侧，在原始入口处增加储藏室、冰箱等收纳空间。玄关左侧预留一定空间，增加悬空玄关柜，提高小户型的空间利用率。

03

拆除厨房的隔断墙，与玄关连为"一"字形动线，同时释放更多有效的空间，以便规划餐厅，整个公共区域因此获得开阔的空间感。

02

书房隔断换上大面积透明玻璃，次卧上方运用长形推窗，除了达到放大空间的效果，也能形成良好的通风循环。

这个 82.5 平方米的新房有着良好的采光，可惜原始格局中厨房隔断突出一角，使玄关过于狭窄。考虑屋主喜欢下厨房，设计师拆除厨房多余的隔断墙，打造开放式厨房，并通过与餐厅的串联、整合，方便家人之间的亲密互动，也让空间获得更宽敞的视觉感受。

打开后的厨房与玄关形成"一"字形动线，地面铺设仿清水模瓷砖，契合了屋主喜爱的日式简约氛围。厨房吊柜下方的墙面砖由米色手工砖拼贴而成，与整体风格协调一致，亦提升了设计质感。

原主卧、厨房入口造成走道闲置，设计师采用主卧门转向位移的手法，改造为实用的储藏室、冰箱等收纳空间，微调之后，空间利用更加合理。次卧、书房都运用开口开窗方式，书房的大面玻璃开口保证了视线的穿透与延伸，空间变得更开阔；次卧上方的开窗设计可确保良好的通风。

在空间设计中，设计师融合屋主对日式简约风格的期许。例如，玄关右侧的复合收纳柜，特别以 2 厘米暗把手的比例施作，搭配灰色系，营造清爽、利落的视觉感受。主卧规划为最简单的纯白色衣柜，及顶的高度之下，特别让上半段维持四分之一的比例，呈现如木作般的质感。针对客厅的影音设备，设计师巧妙借助木作层板内侧隐藏设备线路，同时摆放投影机，用设计帮助屋主实现理想的生活。

A 格局规划

拆除多余隔断，放大空间感

拆除厨房原始的隔断墙，为餐厅释放更多空间。目前 140 厘米长（4～6 人用）的餐桌可延伸至 190 厘米；餐桌后方是主卧房门调整后的小型储藏室，巧妙的格局规划让小户型获得了更多的可用面积。

B 材质应用

木作、包梁隐藏设备线路

在沙发上方，设计师在木作层板内侧规划后置喇叭，同时摆放投影设备，并沿着包梁、窗帘盒，与前方电视机、视听设备连接在一起，完美地隐藏线路，保持视觉的清爽、利落。

C 材质应用

局部换砖，呼应简约氛围

开放式厨房与玄关串联为"一"字形动线，厨房地面特别选用了仿清水模瓷砖，既方便日常打理，也契合了日式简约的空间氛围。墙面一并改用手工砖进行贴饰，提升整体质感。

D 材质应用

减少线条分割，呈现简约特色

公共活动区域的墙面刷饰温暖的藕色，主卧房门采用无框
门设计，以简化门框线条。利用室内隔断墙开孔做线槽，
利落地将设备线路隐藏在墙体内，减少空间内多余的线条，
在设计上凸显屋主对日式简约风格的喜爱。

E 材质应用

玻璃隔断延伸空间感

书房隔断使用大面积的透明玻璃，通过视觉穿透让视野更加开阔，达到放大空间的效果。至于隐私问题，则借助于卷帘，屋主可以根据实际情况做出灵活的调整。

F 家具配置 + 色彩搭配

白色搭配原木色，静谧又舒适

主卧简单地利用无印良品家具做陈设，白色到顶衣柜能够满足屋主的收纳需求。设计师特意拉高上层柜体，以调整视觉比例，让大型柜墙不仅好用，更好看。

11

简化动线、纯化色感，展示空间视野深度

文 ● 陈佳歆
图片提供暨空间设计 ● 尔声空间设计

改造前 ▼

49.5 平方米	房屋基本信息
2 人	格局｜2 室 2 厅 1 卫 建材｜胡桃木、系统家具、瓷砖

由小变大的
关键设计 •••●

改造后 ▶

书房

F

主卧

厨房

C

B

E

01

客厅

餐厅

A

B

B

D 卫生间

拉直原本曲折的动线，利用厨房台面引导出贯穿整个空间的横向动线，同时移除次要空间的固定隔断，以推拉门取代，使空间视野更开阔，并借助侧窗引入自然光，放大空间进深。

03

02

小空间在配色上力求简单，主要色彩应控制在三种以内，以白色、灰色和黑色营造极具现代感的空间氛围，搭配温暖的木纹色，使空间整体视觉明朗而不杂乱。

精准计算固定式柜体的尺寸，有效利用每一寸空间，特别是收纳功能强大的书柜与电视柜，深度需要根据屋主的使用需求做出调整。

男主人喜欢下厨招待朋友，想拥有一个施展身手的大厨房。听起来似乎理所当然，但在不足50平方米的空间里实现这一梦想，绝不是一件简单的事情。

原始户型大门打开后视线正对厕所，旧格局以倾斜墙面解决此问题，却让动线变得迂回、曲折，光线受到阻碍。面对这样的困境，设计师决定回归空间本质，将"一"字形厨房设置在公共区域，拉出贯穿空间的主要横向轴心动线，再通过内玄关设计化解尴尬的格局。

格局上不做太大的变动，但为了实现男主人的梦想，设计师在屋内大胆地规划了一个长达3.5米的厨房操作台面。为了充分利用每一寸空间，在了解男主人的需求后，设计师精准地规划电器设备配置和厨房使用动线，

并增设悬吊上柜，在增加收纳空间的同时，保证空间拥有轻盈感。

在主卧和卫生间之间规划内玄关，不但巧妙避开了大门面对厕所的问题，也提升了卧室的私密度；进入卫生间的动线也变得更方便、直接，并且增设了电视背景墙。

将书房的墙体改为三片式推拉门，让更多光线从侧窗进入，同时规划出横向动线，简化后的动线拉开了空间景深，辅以简单的配色，放大了空间的视觉效果。固定式收纳平均地分配在每个空间，搭配活动式家具，让家居生活更加灵活。客厅天花板包裹着原始的吊隐式空调，其他部分保留天花板高度，使人行走在小空间中，因天花板高低的变化而产生区域转换的微妙感受。

A 色彩搭配

简化空间色彩，以白色为主色调

由于空间光线不足，因此设计师将能反射光线的白色作为主色调，橱柜则以木纹色营造休闲的居家感。整个空间的配色尽量简化，简单点缀些许黑色和灰色，让空间具有立体层次。

根据实际需求，量身定制复合式收纳柜

墙面上固定收纳柜的深度只有 50 厘米，与厨房台面间留出宽敞的走道空间，同时赋予复合式功能。面朝大门的木纹柜能收放行李箱，墙面柜则包含可以放置钥匙等随身物品的平台、展示收藏的开放层柜，以及收纳杂物的密封柜。

C 家具配置

搭配活动家具，确保空间使用的灵活度

公共空间除了在侧墙和电视背景墙置入必要的收纳柜，其他地方采用活动家具，举办家庭聚会时可以随时挪移沙发和餐桌。以厨房为中心的客厅是男主人展示厨艺的绝佳舞台，以及和朋友零距离互动的开放式场所。

D 格局规划

根据屋主的生活习惯，调整卫生间的格局，增设使用台面

男女主人因为工作原因，日常生活作息有所差异，且两人没有泡澡的习惯，因此设计师移除浴缸，增加梳妆台，这样有时必须早起出门的女主人就不会打扰男主人休息。

E 家具配置 + 色彩搭配

减少木作，让主卧回归睡眠功能

主卧减少黑色，以柔和的浅棕色、暖灰色营造睡眠区应有的温馨氛围。小空间规划力求简单，除了固定衣柜，摆放书本和眼镜等小物品的床头柜选择活动家具，为卧室增添些许趣味。

F 格局规划 + 材质应用

以推拉门取代隔断墙，改善室内光线

为了引入自然光，设计师移除书房原始隔墙，改为推拉门，大幅度提升空间的明亮度。推拉门中段采用镜面材质，不仅具有镜射效果，更是推拉门的把手，使门板不会因长期使用而遍布污垢。

12 透光材质、小体量家具，感受光线自在流动的美好

文 ● Cline
图片提供暨空间设计 ● 谧空间研究室

改造前 ▼

75.9 平方米	房屋基本信息
2人	格局｜2室2厅1卫 建材｜水泥粉光、玻璃、铁件、超耐磨木地板、彩色乳胶漆、木皮

由小变大的关键设计 ●●●

改造后 ▶

01

将鞋柜、储物柜和电视机柜组合成一座复合式柜体兼屏风，释放更开阔的空间，同时达到划分功能区的作用。

03

公共区域地面采用超耐磨木地板斜贴的方式，除了能放大空间感，也通过充满方向感的线性，引出流畅的动线。

02

主卧以透光玻璃作为隔断，在衣柜上端保留一定的间距，自然光可穿透入内，巧妙化解空间的压迫感。

这间屋龄有三十多年的老房子，交屋时隔断已完全拆除，仅保留卫生间和厨房预留管线。格局属于长扁形结构，前后两侧有对外的窗户，但后方紧邻防火巷，导致主要采光必须依靠前段空间，这也是屋主迫切希望改善的问题。

设计师以横向轴线规划动线与格局，位于客厅、厨房交会点上的主卧采用玻璃和铁件构成虚实隔断，让光线不受阻碍地射入房内，又能适当地保护隐私。尽量降低屏风或柜体高度，比如主卧衣柜特意不做到顶，保留通透间距；玄关和客厅之间运用2.1米高的柜体做区隔，除了降低压迫感，光线亦能自由穿梭于每个空间。

柜体隔断整合鞋柜、储物柜和电视机柜的收纳需求，真正做到一物多用，有效提升空间利用率。原本的"一"字形厨房，考虑台面尺度有限，拆除炉具、水槽，几乎没有更多空间，于是设计师利用房子的长轴线打造另一座中岛，且与餐桌相串联。原橱柜旁则摆放电器柜、冰箱，打造功能丰富的开放式空间。

除此之外，从卫生间拉出一道滑门隔间，释放局部过道空间，并衍生出一间储藏室，提高小空间的实用性，滑门也有缩减回转半径、争取空间的效果。

Ⓐ 材质应用

争取屋高优势，化解小户型局促感

客厅的天花板不做任何设计，以保留高度上的延展性，辅以纯净的白色墙面、轻透的窗纱，营造轻盈的氛围，并勾勒出自然清新的空间调性。

Ⓑ 材质应用 + 色彩搭配

材质混用，打造视觉焦点

在材质的选用上，设计师混搭水泥、铁件和玻璃等自然材质，并通过轻快的蓝色串联起每个空间，既契合了屋主的风格喜好，也巧妙制造了视觉亮点。

采用拼贴手法引导视线，放大空间感

主卧隔断以水泥粉光搭配铁件与玻璃，做出分割比例，以凸显墙体的独特性。木地板特别采用斜贴手法，有些放大视觉的效果。设计师利用扁长形结构，在房间中心规划了一座中岛厨具，既串联起共私区域动线，也丰富了厨房的使用功能。

13

微调格局，还原空间深度，光线也更明亮

文● Eva
图片提供暨空间设计●慕森设计

33 平方米	房屋基本信息
1 人	格局｜1室2厅1卫 建材｜超耐磨木地板、铁件、黑色玻璃、花砖、系统柜

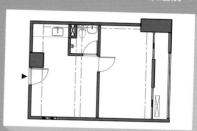

由小变大的
关键设计 ●●●

改造后▶

01
缩小卧室面积，卫生间得以向外延伸、拓宽，增加浴缸区；简单做干湿分离，空间更宽敞。

03
延伸厨房墙面，与电视背景墙齐平，不仅扩大了厨房空间，也让立面看起来更加利落、平整。

02
拆除卧室的遮光隔断，以矮柜区隔，大量自然光得以射入客厅，让整个公共空间变得明亮、开阔。

在 33 平方米的空间中，原始格局的公共区域相对阴暗，空间显得十分狭窄。平时只有屋主一个人居住，设计师拆除卧室隔断墙，将公私区域融为一体，视线顿时变得通透、开阔，也让光线能深入室内。

空间中央运用靛蓝矮柜和架高地板隐性划分区域，柜体延伸至客厅背景墙，有效围塑出客厅与卧室；明亮的跳色形成视觉焦点，也为室内注入活泼的气息。矮柜上方则设置细长铁件，增加吊挂功能，细致的外观和白色烤漆柔化了视觉效果，让光线自由穿行。白色墙面上增加些许凿面，不造作的粗犷感油然而生，独具个性；以白色作为主色调，通过铁件、砖墙和地板等不同的材质凸显视觉层次。

卫生间门口转向，与厨房相对，形成完整的电视背景墙。厨房墙体向外延伸，与电视墙齐平，不仅有效放大厨房空间，也让立面更齐整，视觉线条更利落。微调卧室格局，缩小更衣区，为卫生间留出更多空间。以白色瓷砖铺陈卫生间墙面，净白的色系放大了视觉效果；地面铺设了大地色花砖，质朴的韵味非常迷人。

由于屋主喜爱摄影，因此除了增设照片墙，设计师特别选用摄影棚灯的造型灯具，在空间中融入屋主的喜好，不足的光源则用轨道灯代替。绿植与吊柜相结合，为空间注入一抹绿意，提升了生活质感。

A 色彩搭配

明亮的靛蓝色为空间注入活泼的气息

为了不让自然光受到阻挡，设计师拆除卧室隔断，以矮柜区分空间；L 形柜体一路拉至客厅背景墙，有效延伸视觉感受。特别挑选高彩度的靛蓝色，与灰白柜体形成对比，在一片净白的空间中十分显眼，洋溢着明亮、活泼的气息。

B 材质应用

细致铁件，视觉轻量化

由于餐桌也是工作桌，需要足够的光源，因此设计师舍弃传统的吊灯，改用挂架镶嵌灯管，兼具收纳功能，同时以绿植点缀，增添生活风采。卧室也拉出白色铁件与之呼应，细致的线条和通透无碍的设计让自然光得以深入。餐厅摄影棚灯增添了些许粗犷的韵味，融入屋主喜爱的摄影元素。

c 收纳规划 + 色彩搭配

将柜体嵌入墙面，避免产生畸形角落

将电视柜体嵌入墙面，形成完整的立面，使空间相对放大。视
听设备区则采用开放式设计，方便屋主操作；柜体选用灰白色
的木纹，以减轻视觉沉重感。白墙上特意留出凿面，展现粗犷
的质感，在净白的设计中，通过原始砖墙凸显视觉层次。

延伸墙面，厨房空间变得更大

拉伸厨房隔断，增加厨房的使用面积，并留出冰箱位置。将"一"字形台面改造为 L 形，操作区明显变大，屋主使用起来更为顺手。深色橱柜与白色空间形成色彩对比，木质刷纹呈现绝妙的视觉韵律，流露自然无垢的风韵。

E 收纳规划

整合衣帽间，留出走道，避开视线

设计师巧妙留出走道空间，使动线更顺畅，并有效避开客人视线，无须设置柜门也能巧妙隐藏。由于屋主经常出国旅行，衣帽间特别设置了行李箱收纳空间，让衣服和物品各得其所。

F 色彩搭配＋材质应用

多元材质运用，视觉更富层次

牺牲部分卧室空间，以增加卫生间面积，增设浴缸区，让屋主享受悠闲的泡澡时光。墙面铺满白色小瓷砖，有效放大空间，并与空间主色调相呼应。特别定制的铁件门板，搭配铆钉和黑色玻璃，形成强烈的黑白对比；极简的亮面材质与粗犷金属相互辉映，空间更富层次。

14 楼梯移位，换来宽敞的生活空间

文●王玉瑶
图片提供暨空间设计●构设计

改造前 ▼

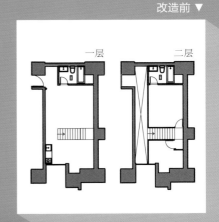

一层　　　二层

39.6 平方米

2 人 +2 狗

房屋基本信息

格局｜2 室 2 厅 2 卫
建材｜玻璃、超耐磨木地板、镜子、铁件

由小变大的关键设计 ●●●

改造后▶

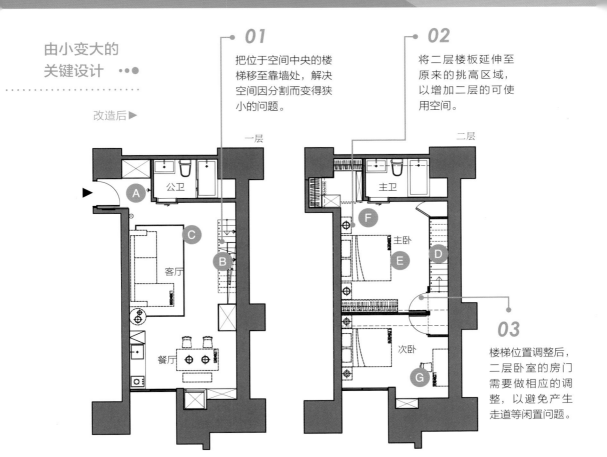

01 把位于空间中央的楼梯移至靠墙处，解决空间因分割而变得狭小的问题。

02 将二层楼板延伸至原来的挑高区域，以增加二层的可使用空间。

一层

A　公卫

客厅　C　B

餐厅

二层

主卫

F　主卧　E　D

次卧　G

03 楼梯位置调整后，二层卧室的房门需要做相应的调整，以避免产生走道等闲置问题。

屋主一开始就知道房子格局不佳，需要后期再做调整，但爱狗的夫妻俩，为了让家中的宠物有足够的空间可以跑跑跳跳，还是决定买下这栋公寓，至于原始格局问题，两人则交由设计师来解决。

房子中央横跨一座楼梯，将本就不大的空间做了切割，让空间难以使用，而且巨大的楼梯带来沉重的压迫感。设计师大刀阔斧地将通往二层的楼梯移至靠墙处，以此保留空间的完整性，视线不受阻碍，可以从入口处一直延伸至窗外，营造出更加开阔、宽敞的空间感受。

原始一层部分空间采用挑高设计，却间接限制了二层的可使用空间，考虑房子层高约6米，不做挑高并不影响一层层高与空间感，所以设计师取消挑高设计，将二层层板扩增至原先的挑高区，增加可使用面积。另外，调整二层卧室入口，以减少走道闲置空间，动线变得更合理。

利用大量白色制造放大效果，但过多的白色容易让人产生单调感，缺少家居应有的温馨氛围，此时搭配质感温润的原木，让原本缺少温度的空间散发出令人放松、舒适的气息。

Ⓐ 收纳规划

以高柜整合玄关的收纳功能

原本毫无功能的玄关，设计师首先以不同的地
面材质划分内外空间，然后以黑色瓷砖进行拼
贴，创造入门时的活泼印象。在梁柱内凹的畸
形区域，顺势规划出顶天立地玄关柜，满足收
纳需求，同时拉齐墙面线条，营造利落的视觉
感受。

材质应用

以轻薄的材质营造轻盈的空间

虽然楼梯已经移位，但对于不足 40 平方米的小空间而言，楼梯仍会带来压迫感，因此设计师从材质入手，使用铁件重新打造楼梯，借助铁件轻薄且承重力强的特性，并结合镂空线条的设计，有效化解巨大体量带来的沉重感，营造轻盈的视觉效果。

C 格局规划

调整楼梯位置，确保空间的完整性

把横跨在房间中央的楼梯进行移位，让空间变得方正。公共区域采用开放式布局，巧妙借用家具，隐形地划分客厅、餐厅和厨房，破解实墙隔断影响采光以及小户型不可避免的狭小等问题。

D 材质应用

使用通透材质，解决楼梯间采光问题

面对只有单面采光的格局，楼梯靠墙难免会因缺少采光而变得阴暗，因此除了采用镂空设计外，设计师特意在二层墙面嵌入长条雾面玻璃，以此引入来自卧室的光线，照亮采光不足的楼梯。

E 材质应用

巧借材质引光，让光线自在游走

为了增加主卧的明亮度，面朝楼梯间的墙面使用透明玻璃，既延伸视线，营造开阔的空间效果，也可以缓解实体墙带来的封闭感。通过光线的折射作用，将自然光引入主卧，至于隐私问题，则利用卷帘灵活调整。

F 收纳规划

善用畸形空间，为主卧增添实用功能

二层楼板向原先的挑高位置延伸，以扩大主卧空间；至于因梁柱产生
的畸形空间，设计师顺势规划为步入式衣帽间，合理利用每一寸空间，
强化卧室的收纳功能。

G 格局规划

重整格局，扩大空间

由于二层空间得以扩展，次卧变大不少。除
了摆放床，设计师还规划出休憩、读书区，
并在梁柱内凹处用搁板打造收纳架，增添收
纳功能，以此减少曲折的线条，让空间看起
来更加简洁、利落。

图书在版编目（CIP）数据

小户型空间放大术 / 东贩编辑部编著. ——
南京 ：江苏凤凰科学技术出版社，2019.4
　　ISBN 978-7-5713-0117-0

　　Ⅰ．①小… Ⅱ．①东… Ⅲ．①住宅－室内装饰设计
Ⅳ．①TU241

中国版本图书馆CIP数据核字(2019)第025294号

小户型空间放大术

编　　　著	东贩编辑部
项 目 策 划	凤凰空间／庞　冬
责 任 编 辑	刘屹立　赵　研
特 约 编 辑	庞　冬

出 版 发 行	江苏凤凰科学技术出版社
出版社地址	南京市湖南路 1 号 A 楼，邮编：210009
出版社网址	http://www.pspress.cn
总 经 销	天津凤凰空间文化传媒有限公司
总经销网址	http://www.ifengspace.cn
印　　刷	天津图文方嘉印刷有限公司

开　　　本	710 mm×1 000 mm　1/16
印　　　张	11.5
版　　　次	2019 年 4 月第 1 版
印　　　次	2019 年 4 月第 1 次印刷

标 准 书 号	ISBN 978-7-5713-0117-0
定　　　价	58.00 元

图书如有印装质量问题，可随时向销售部调换（电话：022-87893668）。